LE BALLET DES PLANÈTES

BENSON

Dans la même collection

ATKINS P. W., Les 4 grands principes qui régissent l'Univers

ATKINS P.W., Au cœur des réactions chimiques. La vie privée des atomes

Collectif, Biologie moderne et vision de l'humanité

DEPOVERE P., La classification périodique des éléments. La merveille fondamentale de l'Univers

DEPOVERE P., La fabuleuse histoire des bâtisseurs de la chimie moderne

FREDERICK J.E., Sciences de l'atmosphère. Une introduction

JOUBERT J., De l'électron à la réaction. Entre forme et déformation

MALLEY M. C., La radioactivité. Une mystérieuse science

MILLOT C., VANDERMARLIÈRE J., Dessine-moi l'univers

NESSE R., WILLIAMS G., Pourquoi tombons-nous malade ?

SANDERS R., Á la recherche de la matière noire. Histoire d'une découverte fondamentale

STANNARD R., Vers la fin des découvertes. Approchons-nous des limites de la science ?

WAKEFORD T., Aux origines de la vie. Quand l'homme et le microbe s'apprivoisent

WYNN C.M., WIGGINS A.W., Intuitions géniales. Le top 5 des meilleures idées scientifiques

LE BALLET DES PLANÈTES

BENSON

Traduction de l'anglais par Benoit Clenet

de boeck

Ouvrage original :
Donald C. Benson, *The Ballet of the Planets. On the Mathematical Elegance of Planetary Motion*. Copyright © 2012 by Oxford University Press

1re édition
Fond Jean Pâques, 4 - 1348 Louvain-la-Neuve

Imprimé en Belgique

Dépôt légal :
Bibliothèque nationale, Paris : mars 2014
Bibliothèque royale de Belgique, Bruxelles : 2014/0074/064

ISBN 978-2-8041-8492-6

À ma femme Dorothy, dont le soutien et les encouragements affectueux ont permis à ce livre de voir le jour.

SOMMAIRE

REMERCIEMENTS

Je souhaite remercier chaleureusement Dorothy Benson, Ned Black, et Donald Chakerian pour avoir relu entièrement le manuscrit et pour avoir contribué de manière significative au présent ouvrage. Je remercie également tous mes correcteurs anonymes pour leurs précieuses suggestions.

INTRODUCTION

« C'est de la Terre
que ce circuit céleste est vu
et représenté pour notre vision. »

Nicolas Copernic, *De revolutionibus (1543)*

« Et d'abord, c'est l'astronomie qui nous a appris qu'il y a des lois [...] ces règles, d'ailleurs, Hipparque, Ptolémée, Copernic, Kepler les ont discernées l'une après l'autre, et, enfin, [...] Newton [...] »

Henri Poincaré (1854–1912), *La Valeur de la Science (1905)*

J'ai grandi dans un quartier de Los Angeles d'où nous pouvons contempler l'observatoire Griffith, perché en haut d'une colline située au nord. Je suis certain que sa présence a joué une influence subtile sur mon esprit d'enfant, le portant vers les sciences et les mathématiques. J'ai éprouvé finalement de la passion pour les mathématiques et j'en fis ma profession. Dans ce livre – qui revient à la source de mon inspiration première – je conterai l'histoire d'un problème astronomique ancestral, celui de la compréhension du mouvement des planètes. Cette connaissance devait nécessairement passer par l'attribution d'une structure mathématique au mouvement planétaire.

Je pense que ce livre m'aurait intéressé alors que je n'étais qu'un étudiant passionné de mathématiques, et j'espère qu'il éveillera l'intérêt chez tous ceux qui s'engouent pour cette discipline – y compris les étudiants, les professionnels et les amateurs.

L'origine de l'astronomie, le thème de ce livre, est le premier jalon marquant l'avènement de la science et est le précurseur de la technologie, si importante dans notre époque moderne et mettant fin à des siècles de lutte pour la survie, nous procurant ainsi tout le temps de lire et d'écrire des ouvrages. Le mouvement des planètes demeurait profondément énigmatique pour les premiers scientifiques parce qu'il était difficile d'expliquer comment les positions des planètes évoluaient par rapport aux étoiles fixes sur une période de quelques semaines. Ce livre présente quelques-unes de ces théories balbutiantes sur le mouvement planétaire – illustrant par là le développement des modèles mathématiques dans les sciences exactes. On doit les premières théories géométriques aux astronomes grecs du quatrième siècle av. J.-C. (même si les Babyloniens avaient auparavant appris à prédire des phénomènes planétaires en tirant parti de procédures arithmétiques répétitives). Cet ouvrage s'achève avec le traitement donné par Isaac Newton à ce problème, au cours du XVIIe siècle, lequel s'avère encore aujourd'hui amplement suffisant pour l'élaboration des programmes spatiaux.

L'astronomie planétaire, comme la science en général, par ailleurs, a progressé grâce au jeu réciproque de l'observation et de la théorie. La théorie fournit une explication abstraite de l'observation, et cette dernière apporte la critique qui entérine, fragilise ou réfute la théorie. Même sans le stimulus d'observations inédites, une théorie établie peut être rendue caduque par une autre, nouvelle, qui explique toutes les observations de manière plus simple ou plus générale. La théorie héliocentrique de Copernic constitue un exemple de théorie nouvelle plus simple, supplantant la précédente plus compliquée.

Même si ce livre contient des faits historiques – et je souhaite qu'ils soient exacts – je ne peux affirmer qu'il constitue une histoire de l'astronomie planétaire, pour les deux raisons suivantes : premièrement, je n'ai nullement tenté d'exposer une histoire *complète* du sujet. Je fais allusion à certains récits historiques car je les considère comme importants dans le développement des modèles mathématiques du mouvement des planètes. Deuxièmement, je souhaite discuter des idées des astronomes du passé – en particulier, la manière dont ces idées ont conduit à la science contemporaine – mais je n'éprouve pas le besoin de faire appel à leurs présentations originales. Dans cet ouvrage, j'ai glané dans l'histoire de l'astronomie quelques idées, essentiellement géométriques, qui ont donné naissance à la science actuelle du Système solaire. Mon choix des propos historiques est éclectique et personnel : je ne prétends nullement brosser une histoire *exhaustive* de l'astronomie planétaire.

Dans une lettre adressée à Robert Hooke en 1676, Isaac Newton (1642–1727) écrivit : « Si j'ai pu voir aussi loin, c'est parce que j'étais juché sur les épaules de géants ». Je discuterai dans ce livre – du point de vue de la science actuelle, et non celle ancienne – de quelques-uns des apports de ces géants, dont Archimède, Ptolémée, Copernic et Kepler, ainsi que Newton lui-même. J'ai sélectionné des contributions qui ont permis de progresser et de rendre possible la science moderne. Les méthodes et les normes scientifiques de ces illustres savants diffèrent de celles d'aujourd'hui, mais je laisse cette question aux historiens des sciences.

L'astronomie à l'œil nu est la seule introduction convenable aux sciences exactes car elle n'exige aucun prérequis scientifique. Le bagage théorique de l'astronomie de position n'impose rien de plus compliqué que la géométrie élémentaire. D'un autre côté, l'électromagnétisme, la mécanique quantique et la relativité font appel à des concepts profonds qui sont si éloignés de l'expérience ordinaire que ces branches ne constituent pas une bonne introduction aux sciences exactes pour le profane. De surcroît, les concepts actuels de la cosmologie – tels que la théorie des cordes – demeurent largement spéculatifs et non vérifiés (voir non vérifiables) par l'observation. Les ouvrages de vulgarisation en science expliquent souvent *ce qui* est vrai, et non *pourquoi* c'est vrai. Puisque les concepts fondamentaux de ce livre sont à la portée de tous, il sera possible de dire non seulement ce qui est vrai mais aussi pourquoi.

Le développement de l'étude du mouvement des planètes ne peut être appréhendé sans relater également l'histoire – qui débuta avec Archimède (287–212 av. J.-C.) – du développement concomitant de la mécanique, la branche de la physique traitant du comportement des corps physiques sujets au mouvement ou à la force. Ces deux affluents de la connaissance, l'astronomie et la mécanique, devinrent majestueusement réunis dans la théorie de la gravitation universelle de Newton.

La géométrie joue un rôle central dans toutes les théories du mouvement des planètes. Les concepts géométriques sont explicités dans ce livre, mais je suppose que le lecteur aura quelques notions d'algèbre d'enseignement secondaire. Deux courbes géométriques ont marqué le développement de l'astronomie planétaire : en premier lieu l'épicycle, puis par la suite l'ellipse. J'ai consacré des chapitres distincts aux propriétés mathématiques de ces courbes.

Le télescope fut inventé peu de temps avant que l'on montre que les planètes suivent des trajectoires elliptiques mais, malgré tout, ne joua pas un rôle significatif dans la découverte des orbites elliptiques ou de la loi de la gravitation universelle. Cet ouvrage se focalise sur une science basée sur l'observation à l'œil nu, à une époque où les planètes étaient tout simplement des points lumineux au nombre de cinq : Mercure, Vénus, Mars, Jupiter et Saturne.

Les données observationnelles de l'astronomie de position, les mesures de la position des corps célestes, furent collectées longtemps avant l'invention du télescope par le truchement d'instruments de mesure d'angles – par exemple, un rapporteur spécialement dédié à cet usage que l'on appelle un *quadrant* (voir la Figure 2.6). Par opposition, les instruments scientifiques modernes, tels que le cyclotron, nécessitent un raisonnement logique assez ésotérique pour « voir » le résultat d'une expérience.

La science progresse grâce aux allers-retours fructueux entre l'observation et l'expérience, d'une part, et la théorie, d'autre part. Dans l'étude du mouvement des planètes, comme plus généralement dans les sciences exactes, une théorie se manifeste souvent sous la forme d'une structure mathématique, un *modèle mathématique*. Ce livre traite des modèles mathématiques qui furent inspirés par le mouvement des planètes, des épicycles de Ptolémée aux ellipses de Newton.

La science fournit les instruments d'observation qui suppléent nos sens. De façon plus importante, elle procure les schémas de pensée, souvent mathématiques, qui permettent de passer de la supposition à la validation. La science a été bercée par des cycles de croyance et de méfiance :

1. *La croyance que l'Univers, bien qu'il puisse paraître chaotique de jour en jour, est gouverné par des règles formelles qui peuvent être comprises et testées.* La science s'appuie sur ceux qui s'évertuent avec passion à lever le voile sur ces théories ; elle préfère les théories les plus générales et les plus simples possibles.
2. *La poursuite, entachée de scepticisme, de toute parcelle d'évidence – toute observation, mesure ou calcul – qui pourrait démontrer qu'une loi suggérée est fausse.* Le croyant et le sceptique peuvent être la même personne, ou non.

Un ensemble de règles, comme dans 1, forme une *théorie scientifique*. Dans son acception familière, une théorie peut être passagère ou fantaisiste – une « théorie favorite » – mais en science, elle est dénuée d'une signification plus sérieuse. Une *théorie* est beaucoup plus qu'une simple supposition. En science, on appelle souvent la supposition une *conjecture* ou une *hypothèse*.

Si deux théories expliquent le même phénomène, la plus simple sera privilégiée. On dénomme parfois ce principe le *rasoir d'Occam*, en référence au philosophe anglais du XIVe siècle Guillaume d'Occam (v. 1285–1349).

Bien que la *motivation* des scientifiques soit diverse et complexe, la *validation* d'une théorie scientifique est réalisée à travers le processus cyclique suivant : une théorie est proposée, comme à l'étape 1, elle est testée, comme à l'étape 2, puis la théorie est modifiée à la lumière de l'observation critique, et ainsi de suite. La validation scientifique constitue une alternative à l'autorité – comme celle d'un orateur, d'un livre ou d'une tradition.

L'astronomie de position de l'Antiquité mit en avant deux principes :

1. Tout mouvement astronomique se fait relativement à une Terre immobile. (C'était le point de vue consensuel, malgré la suggestion contraire d'Aristarque de Samos.)
2. Tout mouvement astronomique se fonde, d'une manière ou d'une autre, sur la rotation circulaire uniforme.

À partir du XVIe siècle, l'astronomie connut trois avancées révolutionnaires – ce sera l'objet des derniers chapitres de ce livre :

1. Le Soleil, et non la Terre, est le centre du mouvement des planètes.
2. Le mouvement des planètes est elliptique, et non circulaire.
3. La gravitation gouverne le mouvement des planètes.

Le ballet des planètes, à l'origine de la science, se joue en trois actes. Le premier acte met en scène des suppositions naïves : la Terre est le centre de l'Univers, et tous les corps célestes suivent des trajectoires basées sur le mouvement circulaire uniforme. Mais certains indices annonciateurs préságeaient de l'existence de problèmes.

Le deuxième acte s'ouvre dans l'éclat et le désarroi. Les danseuses – les planètes – ont toutes changé de costume. Les anciens préjugés sont abandonnés : la Terre ne se trouve plus au centre, et les cercles sont remplacés par des courbes plus complexes.

Dans le troisième acte, on explique presque tout (mais pas tout) et on apprend finalement quelles sont les forces qui entraînent les danseuses.

Le ballet des planètes

1

LA SURVIE DU VALIDE

« On ne peut guère nier que le dessein suprême de toute théorie est de rendre ces éléments fondamentaux irréductibles aussi simples et aussi peu nombreux qu'il est possible, sans avoir à renoncer à la représentation idoine d'une seule donnée de l'expérience. »

Albert Einstein, (1934) *Phil. Sci.*, *1*(2), 163–169.

Ce chapitre examine le processus de validation scientifique. Au cours du dernier siècle, la science a progressé à pas de géant et les scientifiques y ont joué trois rôles essentiels :

1. Chercheur : le scientifique fait des découvertes puis les divulgue.
2. Mentor : le scientifique prépare le terrain aux travaux scientifiques ultérieurs.
3. Critique : le scientifique statue sur la validité du résultat obtenu par d'autres scientifiques.

Les astronomes de l'Antiquité n'étaient pas astreints à un tel jugement rigoureux. Néanmoins, certaines de leurs propositions auraient résisté à l'examen attentif d'un hypothétique arbitre et auraient directement contribué à la science que nous connaissons aujourd'hui. J'ai essayé, dans ce livre, de sélectionner quelques-uns de ces résultats dans le domaine de l'astronomie planétaire.

Le cheminement de la recherche scientifique est fortement influencé par l'apport antérieur des chercheurs expérimentés : ceux-ci lèguent des informations cruciales, comme par exemple quels problèmes sont importants pour la suite et quelles méthodes sont promises à un bel avenir. Le philosophe grec Platon (v. 427–347 av. J.-C.) fut un illustre mentor des astronomes grecs ; son influence s'est étendue bien après son décès.

Platon

La curiosité au sujet du mouvement des planètes incita Platon à demander aux astronomes de son époque de « sauver les apparences ». On interprète souvent cette remarque sibylline comme voulant dire « trouver une explication au mouvement apparemment erratique des planètes », mais les érudits nous apprennent que Platon avait une signification beaucoup plus précise en tête : « montrer que le mouvement des planètes peut être expliqué en termes de *mouvement circulaire uniforme* ». Il exigeait que toute explication du mouvement planétaire s'appuie en dernier ressort sur cette rotation uniforme parce qu'il était persuadé que le mouvement des corps célestes doit être parfait et que le mouvement circulaire uniforme représente le seul mouvement parfait[1]. Bien entendu, Platon sous-estimait largement la complexité de l'Univers car, en vérité, le succès de la science moderne se fonde sur des idées subtiles et complexes, et une expérimentation ingénieuse. Malgré tout, Platon exprima un principe moteur essentiel pour les scientifiques : le monde est plus simple qu'il ne paraît et tout effort doit être entrepris pour lever le voile sur cette simplicité.

L'insistance de Platon sur le mouvement circulaire uniforme était le reflet de sa prédilection pour les cercles et les sphères, qui avaient été étudiés avec tant de succès en géométrie. L'importance des cercles était également étayée par les trajectoires circulaires des étoiles fixes. Platon voyait de la perfection dans ces figures, et joua de toute son influence pour restreindre la discussion au sujet de la progression des corps célestes exclusivement à la rotation circulaire uniforme. En vérité, l'inclination pour ce type de mouvement persista jusqu'à l'aube du XVIIe siècle, lorsque Johannes Kepler (1571–1630) démontra que les planètes suivent des orbites *elliptiques* à une vitesse *non uniforme*.

Platon considérait que le royaume des idées est plus tangible et plus important que l'observation issue de nos cinq sens. Son *allégorie de la caverne* le montre clairement : des prisonniers situés dans une caverne sont enchaînés de sorte qu'ils ne puissent percevoir que les ombres formées sur une des parois par une lumière extérieure donnant vers l'entrée de la caverne. Les ombres représentent les apparences physiques et la lumière intense provient du monde des idées. D'après Platon, les ombres sont nettement moins importantes que la lumière sous-jacente : selon son opinion, le monde des apparences, dont fait partie toute observation scientifique, est moins importante que le royaume des idées.

Malgré tout, l'injonction de Platon intimant de sauver les apparences est une étape primordiale et précoce dans l'histoire de la science. Un thème majeur de ce livre consiste à examiner comment cette quête du mouvement circulaire uniforme permit au départ de faire des progrès en astronomie mais, au bout d'un certain temps, constituait un frein à toute idée nouvelle.

Platon fut le fondateur de l'Académie à Athènes. Aujourd'hui, le terme « académie » se réfère parfois au réseau mondial des études supérieures. La science, dont fait partie l'astronomie, est une branche de l'académie.

L'académie, dans son extension mondiale, se joue sur une scène qui possède toutes les facettes dramatiques d'une salle d'audience de tribunal : le témoin surprise, l'évidence cruciale, la conclusion persuasive. Contrairement au tribunal, cette scène est dépourvue d'emplacement précis, de juge et de jurés, mais l'académie juge malgré tout ses membres cultivés et leurs idées par le truchement du processus d'*évaluation par les pairs*.

1.1. ÉVALUATION PAR LES PAIRS

L'évaluation par les pairs est une procédure standardisée d'*examen critique* de la recherche scientifique. Par ailleurs, la *création* de recherche scientifique peut être plus chaotique car le style, l'autorité, les usages et les préjugés peuvent intervenir, enrichissant ainsi la grande diversité de la science. Le dissident et le contestataire peuvent déceler des erreurs dans les dogmes scientifiques précédemment établis, et la science en tire profit. Même si un scientifique puise son inspiration dans des visions ou des voix, l'évaluation par les pairs est le processus normalisé par lequel son travail sera jugé.

Lorsqu'un chercheur pense avoir réalisé une découverte originale importante, il rédige un article puis le soumet à une revue académique traitant de ce domaine de recherche. Les éditeurs du périodique soumettent alors cet article à un *comité de lecture* – des experts dans le domaine de recherche de l'auteur. Le critique est moralement astreint à jauger le travail de façon impartiale et doit décliner cette tâche s'il possède une quelconque relation personnelle avec le chercheur à l'origine de la publication ou son œuvre. Il travaille anonymement, son identité n'étant connue que des éditeurs, consacre volontairement son temps à évaluer la validité, la portée et l'originalité de l'article soumis.

Le critique communique son examen détaillé aux éditeurs avec une recommandation : publier l'article tel quel ou après quelques corrections, demander à l'auteur de le réviser puis de le soumettre à nouveau, ou rejeter l'article. Ses commentaires sont généralement transmis anonymement à l'auteur. Bien entendu, les éditeurs prennent la décision finale de publier ou non. De nos jours, les scientifiques sont peu enclins à accepter un nouveau résultat sauf s'il a été publié dans une revue soumise à un comité de lecture.

L'exercice d'une évaluation rigoureuse par des pairs dans des revues professionnelles remonte approximativement au milieu du XXe siècle. Par conséquent, les astronomes évoqués dans cet ouvrage n'étaient généralement pas sujets à ce processus critique. Nous ne pouvons juger leur travail au regard des normes actuelles, mais nous pouvons évaluer la *validité*, la *portée* et l'*originalité* de leur travail par rapport à la connaissance scientifique de cette époque.

1.2. LA MÉTHODE SCIENTIFIQUE

Un chercheur juge la *validité* d'un article scientifique principalement sur la base de la *méthode scientifique* – illustrée ici par une théorie ancienne du *mouvement des étoiles fixes*.

Les Grecs de l'Antiquité étaient généralement persuadés que le mouvement nocturne régulier des étoiles d'est en ouest s'expliquait par le principe suivant :

Hypothèse 1.1. *Les étoiles sont attachées de manière rigide à une sphère céleste en rotation, concentrique avec la Terre.*

Le concept de théorie scientifique est primordial pour la méthode scientifique.

Définition 1.1. Une *théorie scientifique* est un principe général ou un ensemble de principes qui peuvent expliquer ou prédire le résultat d'observations empiriques.

Les deux étapes suivantes sont fondamentales pour la méthode scientifique :

1. L'observation de *données* propres à une discipline. Par exemple, les savants de l'Antiquité avaient remarqué que les étoiles forment des figures fixes – des constellations – qui se meuvent à l'unisson d'est en ouest. Dans certaines sciences, les données peuvent être collectées grâce à l'expérience.
2. L'élaboration d'une *théorie* pour expliquer les données. Par exemple, l'Hypothèse 1.1 constitue une explication plausible de l'observation précédente.

L'objectif d'une théorie consiste à organiser et généraliser les données. Elle doit être capable de prédire des observations ultérieures et est considérée comme correcte dans la mesure où ses prédictions sont vérifiées. Par exemple, les théories de l'astronomie de position, que l'on appelle également l'*astrométrie*, ordonnent les observations relatives aux cieux et prédisent le mouvement des corps célestes.

Une théorie scientifique doit s'efforcer de demeurer simple et d'éviter les concepts superflus par rapport aux données de l'observation. Comme nous l'avons vu, ce principe s'appelle le *rasoir d'Occam*. En paraphrasant l'épigraphe d'Einstein (1879–1955) citée au début de ce chapitre, nous aboutissons à une variante du rasoir d'Occam qui nous prémunit de toute simplicité excessive :

Principe 1.1 (rasoir d'Occam). *Les théorie scientifiques doivent être aussi simples que possible* mais pas plus.

La *méthode scientifique* est constituée d'une alternance cyclique permanente entre les étapes 1 et 2 citées plus haut. Après le premier cycle, ces étapes sont remplacées par les suivantes :

1a. L'observation des données prédites par la théorie. À ce stade, cette dernière est testée de la manière la plus rigoureuse possible par des données qui pourraient éventuellement la contredire. La confirmation d'une théorie scientifique est toujours approximative parce que l'observation est constamment sujette à l'erreur. Plus l'accord entre la théorie et l'observation est bon, plus la confirmation est convaincante.

2a. Une modification possible de la théorie. Si celle-ci est confirmée par l'observation, nous recherchons des tests encore plus contraignants pour la mettre à l'épreuve. Sinon, si des incohérences sont décelées, la théorie doit être modifiée ou écartée.

Ainsi, la méthode scientifique est un processus alterné qui vacille constamment entre la croyance et la méfiance. Le scientifique revêt deux casquettes différentes : celle du théoricien et celle de l'expérimentateur. Une philosophie cohérente de cette réalité nous échappe encore.

Le théoricien est platonicien. Il aspire à *sauver les apparences*, expliquant les faits à l'aide d'idées les plus simples et générales possibles. Les noms des plus illustres théoriciens – tels que Copernic, Newton et Einstein – sont glorifiés, ce sont des héros pour la science. Le théoricien exulte dans les concepts unificateurs, tandis que l'expérimentateur–observateur sceptique est anti-platonicien : il détruit les théories fragiles ou stériles.

On appelle fréquemment *hypothèse* une théorie destinée à rendre compte de certaines observations initiales. Une hypothèse dépourvue de toute donnée confirmative – c'est-à-dire les étapes 1 et 2 sans aucun autre cycle de la méthode scientifique – est souvent dénommée *conjecture*. Par exemple, la théorie atomique du philosophe grec de l'Antiquité Démocrite (v. 460–370 av. J.-C.) – qui stipule que la structure microscopique de la matière est constituée de particules discrètes indivisibles appelées atomes – était une conjecture parce qu'elle n'était étayée par aucune donnée.

Pour entériner cette théorie, nous aurions eu besoin de montrer que la matière ne peut être divisée en grains arbitrairement minuscules. Le poète latin Lucrèce avait proclamé que la théorie atomique était appuyée par le fait, par exemple, que la fragrance d'une bouteille de parfum ouverte traverse une pièce pour parvenir jusqu'à nous sans que nous soyons capables de discerner la moindre particule de matière. Cet argument ne confirme pas la théorie atomique parce qu'il n'aborde pas la question de la divisibilité illimitée.

Au XIXe siècle, des milliers d'années après Démocrite, l'existence des atomes fut finalement confirmée par l'observation. À l'inverse, Aristote (384–322 av. J.-C.) avait postulé qu'en chute libre un objet plus lourd tombera plus vite, mais cette idée fut réfutée des siècles plus tard par Galilée (1564–1642), qui lâcha des objets massifs et légers du haut de la tour de Pise inclinée. La conjecture d'Aristote s'avéra fausse, mais celle de Démocrite fut confirmée.

Une science n'est jamais constituée d'une seule et unique théorie, mais plutôt d'un enchevêtrement de théories et sous-théories reliées entre elles. Une science digne de ce nom est constamment alimentée par les cycles de la méthode scientifique, surtout lorsqu'on l'applique à ses sous-théories les plus vulnérables. Par exemple, Copernic affirma (1) que le Soleil est situé au centre du Système solaire, et étoffa cette théorie héliocentrique avec une sous-théorie (2) des courbes qu'avait utilisée auparavant Ptolémée pour ce propos, définissant les orbites comme des épicycles particuliers. La théorie (1) résista aux cycles de la méthode scientifique, mais la sous-théorie (2) fut anéantie lorsque Kepler montra que les orbites sont des ellipses.

Les théories mathématiques possèdent une source distincte de validation, que l'on appelle la *méthode axiomatique* et dont l'origine remonte à la géométrie de la Grèce antique. En employant la méthode axiomatique, les théorèmes que l'on cherche à démontrer sont reliés, grâce à des *règles d'inférence*, aux axiomes et aux théorèmes déjà démontrés. Ainsi, la justesse d'une proposition repose sur la vérification de la validité des inférences logiques permettant de remonter jusqu'aux axiomes de base – des assertions initiales acceptées sans aucune preuve.

Mais avant la validation mathématique, la *découverte* mathématique doit être à l'œuvre : elle se fonde sur des tâtonnements et des erreurs, sur l'analogie, l'intuition et la créativité.

La géométrie

La géométrie est l'œuvre mathématique majeure des Grecs de l'Antiquité. On rapporte que Thalès de Milet (aujourd'hui en Turquie) (v. 624–547 av. J.-C.) fut le premier géomètre au monde car il serait le premier à avoir élaboré des preuves géométriques. Une compilation des travaux florissants des Grecs en géométrie est réunie dans les *Éléments* d'Euclide (fl. 300 av. J.-C.). Cette activité a été couronnée de tant de succès que les propositions géométriques d'Euclide sont toujours étudiées aujourd'hui par des millions d'élèves dans le monde. Même si les mathématiciens contemporains débattent des fondements de la géométrie euclidienne, on considère que toutes les propositions d'Euclide sont fondamentalement correctes.

La géométrie est-elle une science – c'est-à-dire, est-elle une étude du monde physique ? D'un certain côté, cela est vrai car les points, les droites et les plans représentent des modèles mathématiques des objets qui existent dans le monde physique. Cependant, dès que l'on rajoute ses axiomes dans l'ensemble des règles canoniques, la géométrie perd tout fondement physique. Le grand mathématicien hollandais Bartel Leendert van der Waerden intitula *L'aube de la science* son livre sur les racines historiques des mathématiques, c'est-à-dire principalement la géométrie[2]. Malgré tout, la géométrie ne ressemble à aucune autre science.

Façonner la science dans le moule de la géométrie apporte un certain bénéfice, mais n'est pas exempt de danger.

Le bénéfice est que la géométrie exhibe toute la puissance de l'*abstraction*. Par exemple, une droite géométrique, contrairement à celles que nous pouvons tracer à l'aide d'un crayon et d'une règle, n'a pas d'épaisseur. De même, le théorème stipulant que la somme des angles d'un triangle vaut 180° peut être vérifié avec un grand degré de précision à l'aide des outils appropriés. De surcroît, cette abstraction procure une beauté conceptuelle à la géométrie, qui serait impossible si les droites étaient pourvues de diverses épaisseurs.

La science dut attendre le XVIIe siècle pour profiter d'une telle abstraction, lorsque Newton mit sur pied le concept utile de masse ponctuelle.

Le danger, en revanche, est que la géométrie laisse peu de place à l'observation et à l'expérimentation.

L'astronomie antique débuta avec une théorie qui rendait compte de nombreuses observations. Lorsque des observations ultérieures ne s'accordèrent pas avec la théorie en place, on s'évertua à les concilier puis on abandonna la théorie, faute d'un accord acceptable avec les nouvelles observations. Ce processus s'est maintes fois renouvelé dans l'histoire de la science.

Ce chapitre a présenté la méthode scientifique – le processus de validation en science. Dans le chapitre suivant, nous examinons les origines de l'astronomie grecque, avec le modèle à deux sphères de l'Univers.

PREMIÈRE PARTIE

Naissance

2

LA COUPE DE LA NUIT

« Debout ! Car le Matin dans la coupe de la Nuit
A jeté la pierre qui fait s'envoler les étoiles :
Et vois ! Le Chasseur de l'Orient a pris
Le minaret du sultan dans un lasso de lumière. »

Omar Khayyám (v. 1048–1131) *traduction française par Charles Grolleau (1909) des Rubáiyát traduits en anglais par Edward FitzGerald (1859)*

La sereine perfection de la voûte céleste, parsemée d'étoiles, contraste avec la confusion chaotique qui règne sur Terre dans notre vie quotidienne. De fait, les explications rationnelles du monde physique ont débuté par l'étude des cieux. Dès l'Antiquité, les mouvements réguliers du Soleil, de la Lune et des astres ont prodigué des calendriers, des horloges et des moyens de navigation. Les premiers explorateurs polynésiens disposaient de peu de repères pour coloniser les îles du Pacifique.

Les étoiles, le Soleil, la Lune et les planètes sont d'excellents sujets d'étude dans l'émergence de la science parce que, contrairement à l'économie ou la météorologie, ils exhibent une *stabilité*, une qualité qu'il est difficile de retrouver dans le monde chaotique qui nous entoure. Ce concept de stabilité se manifeste clairement dans la maxime « aussi sûrement que le Soleil se lèvera demain ».

Bien entendu, nous savons désormais que la stabilité des étoiles *fixes* est illusoire. Les étoiles et les galaxies se déplacent à des vitesses prodigieuses : elles nous paraissent « fixes » simplement parce qu'elles sont extrêmement éloignées. Ce concours de circonstance bénéfique nous a procuré un référentiel fixe permettant d'étudier le mouvement des objets célestes plus proches – le Soleil, la Lune et les planètes.

Les étoiles sont mystérieuses car, bien que nous puissions les contempler, elles sont si éloignées qu'il est impossible de les atteindre. Où sont-elles ? Que sont-elles ? Dès les époques les plus reculées, des légendes tentaient d'expliquer ce mystère. La science a éclos grâce à cet effort ancestral pour découvrir des explications raisonnables. La pensée scientifique nous a dotés d'une vision pénétrante de l'Univers, bien avant l'avènement du télescope.

Les sphères célestes cristallines

L'astronome et mathématicien grec de l'Antiquité Eudoxe de Cnide (408–355 av. J.-C.) mit en place un système de coquilles sphériques, cristallines, impénétrables et centrées sur la Terre pour héberger les corps célestes – une coquille respectivement pour la Lune, le Soleil et les planètes, et une autre externe pour toutes les étoiles fixes. La rigidité de ces sphères n'a jamais étayée par une quelconque observation, même si Copernic, Kepler et Newton accordaient une certaine crédibilité à cette conjecture. Nous verrons par la suite comment cette hypothétique impénétrabilité a entravé la réflexion de Ptolémée et ses successeurs. Malgré tout, nous allons voir dans la section suivante que la sphère externe contenant les étoiles fixes fut une construction utile.

2.1. L'UNIVERS À DEUX SPHÈRES

Aristote a décrit une importante théorie en astronomie, l'*Univers à deux sphères*, constituée de la Terre et de la sphère céleste[1]. Cette théorie fait deux propositions, la première au sujet de la Terre :

Hypothèse 2.1 (La Terre sphérique). *(a) La Terre est sphérique. (b) Elle est immobile et réside au centre de l'Univers.*

Une théorie, comme celle-ci, qui place la Terre au centre est dite *géocentrique*. Par opposition, un modèle qui positionne le Soleil au centre de notre système planétaire – le Système *solaire* – est dit *héliocentrique*.

La seconde hypothèse s'intéresse aux *étoiles fixes*. À mon sens, l'existence d'une Terre qui tourne sur elle-même semble implicite dans l'expression « étoiles *fixes* », mais cette idée était rejetée par Aristote : les étoiles étaient qualifiées de fixes parce qu'elles semblent se déplacer à l'unisson, de manière rigide. Les distances qui les séparent les unes des autres paraissent inchangées à mesure qu'elles tournent autour de l'axe polaire. Elles dessinent un cadre figé par rapport auquel nous pouvons observer, comme nous le montrerons dans les chapitres suivants, le mouvement plus erratique des autres corps célestes : le Soleil, la Lune et surtout les planètes.

Hypothèse 2.2 (La sphère céleste). *Les étoiles fixes sont attachées à une sphère beaucoup plus grande, la sphère céleste, concentrique avec la Terre. Cette sphère tourne d'est en ouest à une vitesse constante autour d'un axe passant par les pôles Nord et Sud célestes.*

Les Grecs de l'Antiquité supposaient que la Terre sphérique (Hypothèse 2.1a) était plus qu'une simple conjecture parce qu'ils avaient non seulement décrit en détail cette théorie mais avaient également avancé des preuves observationnelles. Considérez, par exemple, les trois observations suivantes :

1. Lorsque des navires situés au large aperçoivent à l'horizon la terre ferme, ils n'en discernent au départ que les parties les plus hautes. À mesure qu'ils se rapprochent de la côte, les éléments de hauteur moindre apparaissent.
2. Lorsque nous voyageons vers le sud, les constellations situées dans l'hémisphère austral s'élèvent par rapport à l'horizon.
3. Pendant une éclipse lunaire, l'ombre de la Terre est ronde[2].

Aristote soutenait également que la Terre est sphérique parce que tous les objets terrestres tendent à se déplacer en direction de son centre – ce qui constitue un présage important d'une facette de la gravitation universelle. Néanmoins, si les contemporains d'Aristote devaient juger de la validité scientifique au regard des normes actuelles, je pense qu'ils auraient considéré son argument comme une conjecture intéressante mais superflue, et les propositions 1 à 3 comme des arguments en faveur d'une Terre sphérique nettement plus convaincants.

Aristote, de même que la plupart des philosophes et mathématiciens grecs de l'Antiquité, était persuadé que la Terre est au centre de l'Univers et demeure immobile. Pour démontrer cette absence de mouvement, il ne faisait appel qu'à l'intuition : nous ne ressentons nullement le mouvement de la Terre. Si celle-ci tournait sur elle-même, un objet en chute libre devrait suivre une trajectoire déformée par cette rotation. Malheureusement, Aristote ne pouvait quantifier cet effet parce que la théorie de la dynamique de Newton ne vit le jour que deux millénaires plus tard. Comme nous le savons désormais, la trajectoire d'un objet en chute libre *est* déformée par la rotation terrestre, mais cet effet est négligeable dans les situations courantes. Consultez néanmoins la page 147.

Dix-huit siècles avant Copernic, Aristarque de Samos (v. 310–230 av. J.-C.) proposa la théorie héliocentrique dans laquelle la Terre tourne autour de son axe polaire et gravite autour du Soleil, mais sa suggestion ne fit pas l'unanimité.

La vision géocentrique de l'Univers est non seulement étayée par l'intuition commune mais également par le sentiment anthropique universel que nous sommes les hôtes les plus importants du cosmos. Nous avons été désabusés de cette sensation réconfortante car l'astronomie moderne a montré que notre Terre n'est qu'un minuscule grain dans un Univers extraordinairement vaste.

La théorie de la Terre immobile n'est pas fausse, à strictement parler. Dans un sens, le fait de considérer la Terre comme immobile ou en rotation n'est qu'une question de choix. Tel un enfant sur un tourniquet, nous pouvons imaginer que nous tournons et que le reste du monde est figé, ou que nous sommes à l'arrêt et que le monde extérieur tourne autour de nous. Le seul défaut de cette idée est qu'elle complique les études ultérieures. Selon le point de vue moderne, une Terre stationnaire rend ardue l'explication, par exemple, du comportement d'un pendule de Foucault – un pendule massif suspendu à un plafond surélevé, que l'on trouve dans certains musées des sciences (comme à l'observatoire Griffith, par exemple). Même si le pendule oscille au départ dans un plan vertical déterminé, la rotation de la Terre impose à ce plan une variation – une précession – dans le sens horaire dans l'hémisphère nord et anti-horaire dans l'hémisphère sud[3].

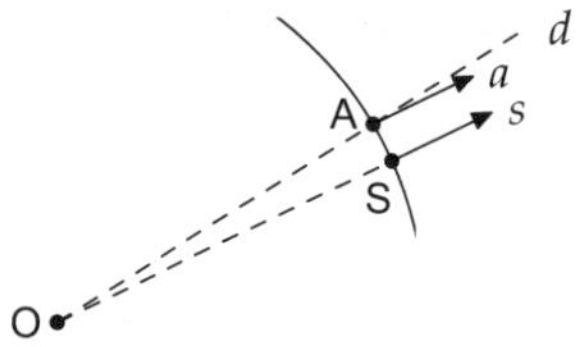

Figure 2.1

Les Grecs de l'Antiquité estimèrent la circonférence de la Terre sphérique. Le mathématicien Ératosthène (276–195 av. J.-C.) résolut ce problème de la manière suivante. Il remarqua que dans la ville égyptienne de Syène (aujourd'hui Assouan), le Soleil était au zénith à midi au cours du solstice d'été[4], alors que le même jour dans sa ville, Alexandrie, située approximativement au nord de Syène, le Soleil à midi était situé à un cinquantième de cercle (soit 7,2°) au sud de la verticale. Dans la Figure 2.1, Alexandrie et Syène sont respectivement représentées par les points A et S, et O est le centre de la Terre sphérique. Les flèches parallèles *a* et *s* sont dirigées vers le Soleil et ont pour point de départ ces deux villes. Ératosthène remarqua que l'angle entre la flèche *a* et la droite *d* fait 7,2°, et conclut que l'angle AOS doit aussi être égal à 7,2° parce qu'une droite passant par le centre d'un cercle doit nécessairement couper la circonférence à 90°. Puisqu'il savait qu'Alexandrie est située à 5 000 stades au nord de Syène, il en déduisit que cette distance doit représenter $7{,}2/360 = 1/50$ de la circonférence complète de la Terre, qui doit, par conséquent, s'élever à $5\,000 \times 50 = 250\,000$ stades.

On ne connaît pas la valeur exacte de cette unité de distance, mais on pense que le résultat d'Ératosthène devait se situer entre 39 690 et 46 620 km. La véritable valeur est 40 008 km. Cette incertitude est due en partie à notre méconnaissance de la véritable valeur du stade mais également aux imprécisions d'Ératosthène dans la mesure des distances et des angles.

La sphère céleste

Selon Omar, les étoiles sont attachées à une « coupe de la Nuit » retournée. En vérité, un hémisphère retourné – à l'instar du plafond d'un planétarium – est une représentation naturelle de la voûte céleste, la nuit. La sphère céleste incarne la vision du ciel perçue par un observateur situé en son centre.

Le globe céleste

Le globe céleste qui représente le ciel, à l'image du globe terrestre, est un modèle physique de la sphère céleste.

La Figure 2.3 représente l'hémisphère d'un globe céleste dévoilant le ciel à minuit lors de l'équinoxe de printemps à Pékin, Madrid et Philadelphie – en vérité, partout sur le cercle de latitude 40° Nord. Cette figure est une représentation de l'extérieur du globe céleste – une projection orthogonale de sorte que la circonférence externe représente l'horizon lors de l'équinoxe de printemps à 40° N de latitude. Comme pour toutes les figures géométriques de ce livre, la Figure 2.3 a été construite avec le langage de description graphique MetaPost. Pour chacune des centaines d'étoiles indiquées, ce programme tire ses données (ascension droite, déclinaison et magnitude) du *Bright Star Catalogue*.

Il est aisé (mais, comme nous le savons dorénavant, erroné) de soutenir l'existence d'une authentique sphère concentrique avec la Terre et contenant les étoiles fixes du fait que celles-ci tournent à l'unisson autour du pôle nord céleste, s'élevant à l'est et se couchant à l'ouest de manière uniforme. Cette progression est remarquablement régulière[5]. En observant le ciel nocturne au cours des différentes saisons, nous pouvons dresser une carte de la sphère céleste. Selon que l'observateur se trouve au nord ou au sud de l'équateur, il existe une région circulaire, centrée respectivement autour du pôle sud ou du pôle nord céleste, qui ne peut jamais être observée. À l'équateur, la sphère céleste toute entière peut être observée au cours d'une année.

Les étoiles fixes ne sont pas « attachées » à une véritable sphère céleste parce que nous savons aujourd'hui qu'elles sont situées à des distances différentes. Par conséquent, il serait incorrect d'assigner un rayon particulier à la sphère céleste. Nous pouvons néanmoins la « sauver » en la redéfinissant d'une manière telle que nous puissions esquiver le problème de la détermination de son rayon. Définissons un « point » de la sphère céleste comme étant une demi-droite infinie partant de l'observateur : celle-ci devient un faisceau de demi-droites infinies émanant de l'œil de l'observateur. Ce concept de sphère céleste incarne notre observation réelle concernant la ligne de visée de chaque étoile, mais élude toute considération de distance.

Ainsi, la sphère céleste formalise notre perception commune du ciel nocturne. C'est le cadre naturel et idoine pour les navigateurs, qui tirent parti de la position des étoiles pour trouver leur itinéraire. De surcroît, c'est un concept élémentaire employé par tous les astronomes, qu'ils soient anciens ou modernes.

Notre vision de l'*extérieur* du globe céleste est l'image miroir de ce qu'un hypothétique observateur verrait à l'*intérieur* du globe. Imaginez que cet observateur écrive « Au secours » sur la face interne du globe (transparent), nous lirons à l'extérieur « ƨɿuoɔɘƨ uA ».

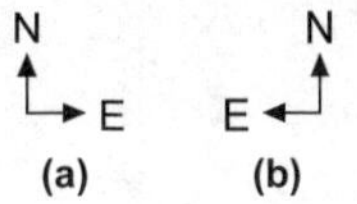

Figure 2.2 Les boussoles terrestre (a) et céleste (b).

La Figure 2.2a représente la boussole *terrestre* classique. Si nous collons une reproduction transparente de cette boussole sur la face externe du globe céleste, et si N pointe en direction du pôle nord céleste, E sera dirigé de manière correcte vers l'est. Cependant, notre hypothétique observateur situé à l'intérieur du globe céleste lèvera les yeux et verra 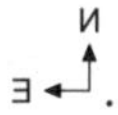. Par souci de commodité, il pourra réécrire les lettres И et ∃ de manière à obtenir la boussole *céleste* usuelle de la Figure 2.2b.

Le globe céleste utilise la convention de lecture géographique des cartes et la boussole terrestre (Figure 2.2a). Cependant, la vision du ciel nocturne est l'image miroir de la Figure 2.3 – laquelle est construite avec la boussole céleste de la Figure 2.2.

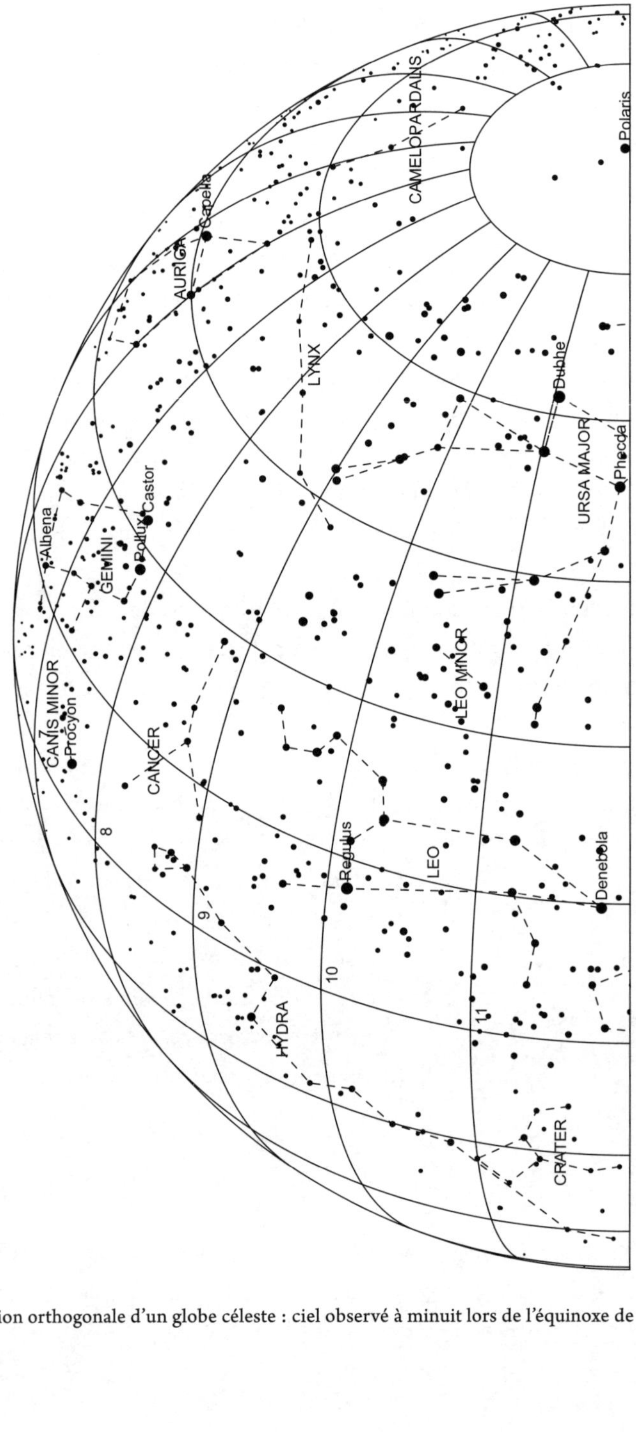

Figure 2.3 Projection orthogonale d'un globe céleste : ciel observé à minuit lors de l'équinoxe de printemps à 40° Nord de latitude.

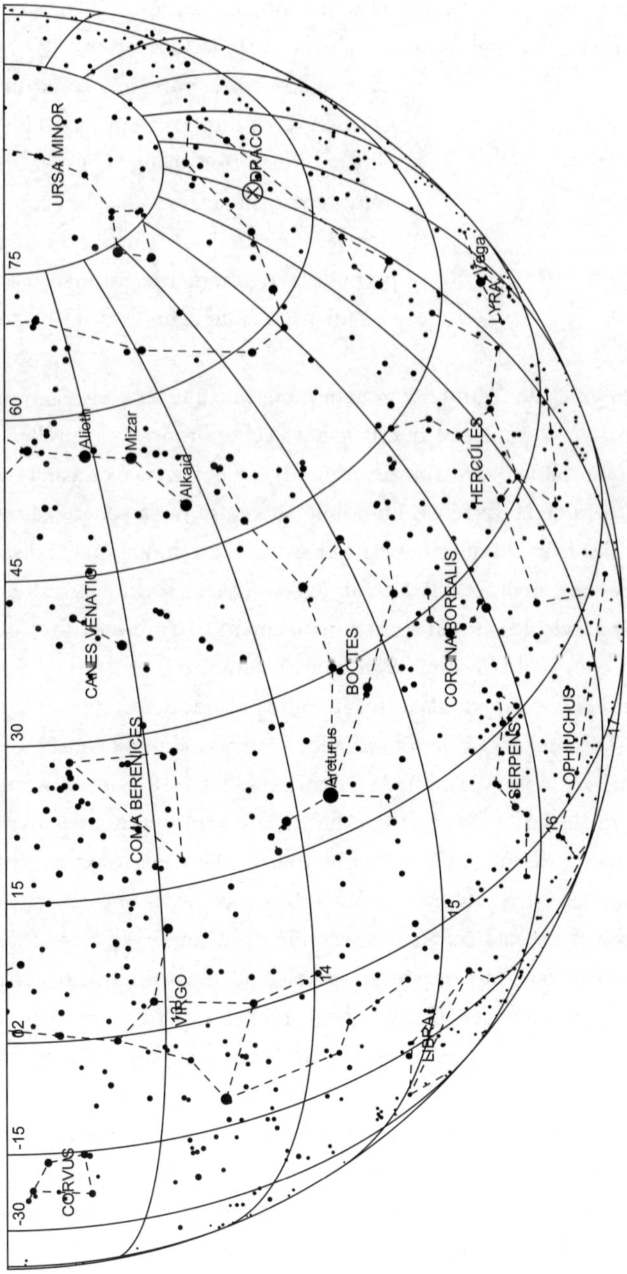

Figure 2.3 (suite) Le symbole ⊗ situé dans la constellation du Dragon représente le *pôle Nord de l'écliptique* (PNE), en relation avec la Figure 2.8.

Parallaxe

La *parallaxe* est un concept qui nous permet de mesurer la distance des objets éloignés et inaccessibles. Les Grecs de l'Antiquité avaient appréhendé cette idée mais ne disposaient pas des instruments précis nécessaires pour évaluer la distance des astres.

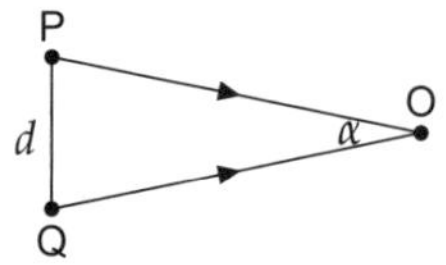

Figure 2.4 Parallaxe.

La parallaxe est la variation de la direction d'un objet observé en des positions différentes. La Figure 2.4 illustre cette notion : l'objet O est visualisé depuis deux points équidistants P et Q. Si l'on connaît la distance d, alors la longueur de OP ou OQ se calcule directement à partir de la trigonométrie. Si l'angle α est petit et mesuré en radians, les longueurs OP et OQ sont approximativement égales[6] à d/α.

Les astronomes grecs de l'Antiquité avaient remarqué que les constellations stellaires n'exhibent aucune parallaxe à mesure que la sphère céleste tourne, et qu'elles nous paraissent identiques quel que soit le point d'observation. Ils avaient avancé cela afin de soutenir l'idée, pourtant contestée, que la Terre est immobile au centre de la sphère céleste. En réalité, la parallaxe des étoiles fixes est quasiment négligeable étant donné que la distance à l'étoile la plus proche représente environ 200 000 fois le diamètre de l'orbite terrestre. À cette époque, le plus petit angle décelable s'élevait approximativement à 10 minutes d'arc, or la parallaxe des astres les plus proches vaut 1 seconde d'arc, voire moins.

Le problème de l'*absence de parallaxe* dut attendre presque deux millénaires avant de trouver une réponse satisfaisante grâce à des observations astronomiques précises. La parallaxe d'une étoile (61 Cygni) fut observée pour la première fois en 1838 par l'astronome allemand Friedrich Wilhelm Bessel (1784–1846). Afin de la maximiser, nous pouvons réaliser deux observations à six mois d'intervalle, de sorte que ces deux relevés se situent sur des points opposés de l'orbite terrestre autour du Soleil, ce qui représente une distance de 300 000 000 kilomètres environ. Une parallaxe d'une seconde d'arc[7] observée à cette distance définit 1 parsec, une unité de distance astronomique qui est équivalente à environ 3,26 années-lumière. La distance à 61 Cygni, l'une des étoiles les plus proches, est à peu près égale à 3,5 parsecs, soit 11 années-lumière environ. (Il n'existe que 14 étoiles dans la Voie lactée qui sont plus proches que 61 Cygni.)

La technologie actuelle est capable de tirer parti de la parallaxe pour repérer des objets, non seulement dans le Système solaire, mais également très loin de notre galaxie. Nous verrons plus tard comment Kepler mit au point, au XVIIe siècle, une méthode de parallaxe ingénieuse pour suivre les planètes en dépit d'une instrumentation rudimentaire.

Les astronomes de l'Antiquité ne parvinrent pas à déterminer les distances absolues des planètes, mais étaient à deux doigts de découvrir leurs distances relatives. Par exemple, Ptolémée savait que le nombre 1,52 était important pour déterminer le mouvement de Mars, mais ne réalisa pas que celui-ci était le quotient de deux distances : les distances moyennes au Soleil de

Mars et de la Terre. Nicolas Copernic (1473–1543) fut le premier à interpréter ces nombres comme des distances relatives. Il n'eut nullement besoin de faire appel à une quelconque observation, lesquelles étaient plus précises que celles de l'Antiquité, ni même au concept de parallaxe. Il étaya sa solution au problème des distances relatives à l'aide d'arguments purement théoriques en rapport avec sa théorie héliocentrique. L'astronome Tycho Brahe (1546–1601) réfuta la théorie héliocentrique du Système solaire de Copernic, mais approuva son modèle fondamental des distances planétaires relatives.

Le satellite artificiel Hipparcos, lancé en 1989 par l'Agence spatiale européenne (ou ESA pour European Space Agency) et qui se sert de la parallaxe pour cartographier les objets situés dans notre Voie lactée, mesure des angles de l'ordre du millième de la seconde d'arc (milliseconde d'arc). Ainsi Hipparcos améliore la précision des observations d'un facteur d'un million environ par rapport à celles réalisées à l'œil nu.

Une minute d'arc[8] représente approximativement la portion du ciel qui peut être observée à travers le chas d'une aiguille à coudre tenue à bout de bras. Pour se représenter une seconde d'arc, l'aiguille doit être placée à une distance d'à peu près 45 mètres, et pour une milliseconde d'arc, à environ 48 kilomètres.

Les projets de mission astrométrique, les satellites SIM (*Space Interferometric Mission*) de la NASA et GAIA (*Global Astrometric Interferometer for Astrophysics*) de l'Agence spatiale européenne, mesureront des parallaxes à la précision de quelques microsecondes d'arc. Pour imaginer une microseconde d'arc, le chas de notre aiguille doit être placé à 48 000 kilomètres !

La *vision binoculaire*, les *appareils photo télémétriques* et les *instruments stadimétriques* déterminent tous une distance, de manière analogue aux exemples astronomiques cités ci-dessus, par le truchement de la parallaxe.

La vision binoculaire chez les êtres humains (et les autres créatures) tire parti des infimes différences dans la perception des images par nos deux yeux pour signaler au bras, à la main et aux doigts où saisir précisément la pomme qui s'offre à nous. La parallaxe permet par conséquent, à partir des images bidimensionnelles issues de nos yeux, de nous informer sur le monde tridimensionnel qui nous entoure.

Un appareil photo à mise au point télémétrique détermine la distance d'un objet grâce aux images provenant de deux lentilles distinctes. Le photographe voit ces deux images de l'objet dans le viseur : lorsqu'il les superpose en réglant l'objectif, un rouage complexe focalise la lentille de l'appareil sur l'objet en question.

La technique d'observation stadimétrique nécessite deux équipements distincts : une mire de géomètre (ou stadia) et un télescope spécial appelé lunette topographique. La mire, de 2 mètres de long environ, est tout simplement une règle graduée, comme indiqué sur la Figure 2.5b. En regardant dans la lunette, nous observons un réticule : un fil vertical et trois horizontaux, comme indiqué sur la Figure 2.5a. Les traits horizontaux supérieur et inférieur (a) et (c), dénommés les *fils de mire*, délimitent un angle fixe de visée dans la lunette. La distance entre les fils de mire est arbitraire mais nous pouvons, par commodité, faire en sorte que lorsque la ligne de visée est horizontale – c'est-à-dire lorsque la lunette et la mire sont à la même hauteur – la longueur de la portion d'un objet vertical bornée par les fils de mire représente exactement 1/100e de la distance entre l'objet et la lunette. Par conséquent, l'opérateur peut déterminer la distance à la mire graduée tenue verticalement en relevant celle indiquée sur la règle entre les fils de mire et en la multipliant par 100. La méthode stadimétrique peut être adaptée pour les situations où la lunette et la mire se situent à des altitudes différentes.

La définition de la parallaxe s'applique à la méthode stadimétrique du fait que la direction entre des points situés sur la mire et le point O, la visée, est différente pour deux points distincts de la règle graduée. Ici, les rôles sont inversés : la lunette devient l'objet observé et la mire, l'observateur.

2.2. SYSTÈMES DE COORDONNÉES

Ce sont les angles, et non les distances, qui constituent les mesures astronomiques fondamentales. On les utilise pour définir des points sur la sphère céleste grâce aux systèmes de coordonnées que nous allons exposer maintenant.

Le quadrant (Figure 2.6) a été pendant longtemps l'instrument de base pour mesurer l'angle

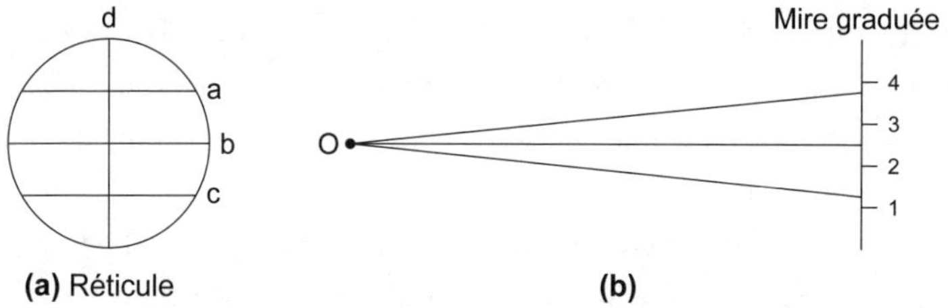

Figure 2.5 La méthode stadimétrique de mesure des distances.

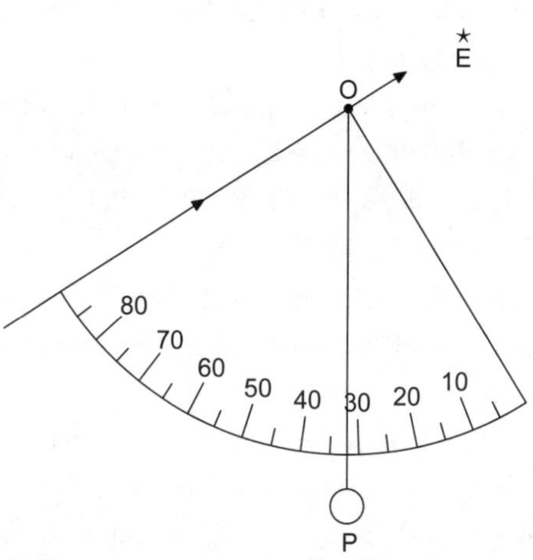

Figure 2.6 Le quadrant. Le dispositif pivote en O. Un poids P est attaché avec une ficelle à O. En observant l'étoile E le long des flèches, nous déterminons que son angle d'élévation vaut 32°.

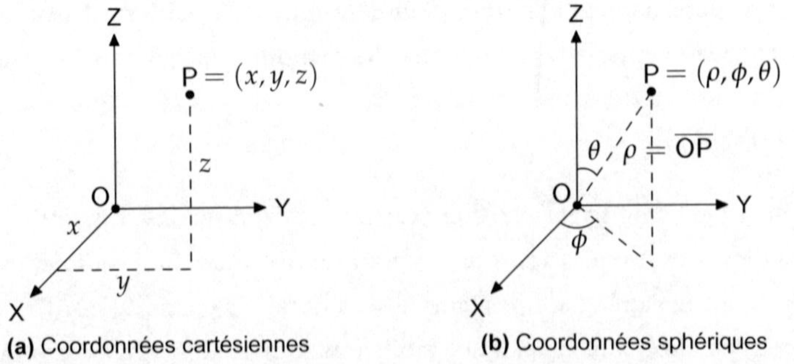

Figure 2.7 Coordonnées d'un point en trois dimensions par rapport à trois axes mutuellement perpendiculaires. Les trois coordonnées sphériques ρ, ϕ et θ sont respectivement appelées rayon, longitude et colatitude.

entre une étoile et l'horizon. L'astrolabe est un instrument antique destiné au même usage. Le sextant, plus précis que le quadrant, était employé par les navigateurs à partir du XVIIIe siècle. Le quadrant, et ses variantes, était un instrument privilégié par les astronomes, dont Tycho Brahe, jusqu'au XVIe siècle (Figure 8.1). Ce fut le quadrant, et non le télescope, qui apporta la précision nécessaire à Kepler pour mettre au point ses lois du mouvement planétaire et, de ce fait, pour lever le voile sur la vision moderne du Système solaire.

Un point peut mathématiquement être localisé en trois dimensions par des coordonnées cartésiennes ou sphériques. Plus particulièrement, le point P dans la Figure 2.7 peut être déterminé par rapport au système de coordonnées XYZ par le triplet (x, y, z) ou par (ρ, ϕ, θ). Les coordonnées sphériques vérifient les inégalités suivantes :

$$\rho \geq 0 \qquad 0^\circ \leq \phi < 360^\circ \qquad 0^\circ \leq \theta \leq 180^\circ$$

Considérons ρ constant, la longitude et la colatitude (ϕ, θ) sont alors des coordonnées qui déterminent un point sur la surface d'une sphère. L'angle θ représente la distance angulaire à l'axe Z – l'axe du pôle Nord – et ϕ est l'angle mesuré le long de l'équateur à partir de l'axe X. Hormis quelques différences mineures, les sphères terrestre et céleste sont toutes deux affublées de coordonnées similaires. Ces systèmes de coordonnées sont décrits ci-dessous en les associant aux coordonnées sphériques mathématiques. Pour la sphère terrestre, il n'existe qu'un système de coordonnées, et pour la sphère céleste il y en a trois. Ces quatre systèmes de coordonnées sont définis par la suite en vertu des définitions mathématiques de la Figure 2.7b.

1. *Longitude et latitude terrestres*

La longitude est mesurée vers l'est et vers l'ouest du méridien polaire traversant Greenwich, en Angleterre. La latitude est mesurée vers le nord et vers le sud de l'équateur. La latitude terrestre est donc égale à 90° moins la colatitude (θ dans la Figure 2.7b), où les valeurs positives et négatives sont respectivement interprétées comme nord et sud. La longitude et la latitude terrestres sont universellement adoptées pour déterminer un point sur la surface de la Terre, que ce soit pour la conception des mappemondes ou pour la navigation.

2. *Azimut et élévation*

Ici, l'axe Z passe par le zénith et l'axe X pointe vers l'horizon, en direction du nord. L'azimut et l'élévation sont les coordonnées appropriées pour toute observation rudimentaire d'un point du ciel. L'azimut est mesuré en degrés dans le sens horaire à partir du nord, et l'élévation est l'angle au-dessus de l'horizon. Ceux d'une étoile (autre que l'étoile polaire) varient de jour en jour.

Un quadrant (Figure 8.1) permet de mesurer l'élévation. Un *quadrant azimutal* est un quadrant rotatif monté sur un socle et doté d'une échelle mesurant l'azimut d'un point. Les observations astronomiques de l'Antiquité étaient effectuées à l'aide d'un quadrant azimutal ou d'un instrument similaire.

L'azimut et l'élévation d'une étoile dépendent de la position géographique de l'observateur, et ils varient au cours de la nuit à mesure que la sphère céleste tourne lentement vers l'ouest autour de l'axe polaire. Les observations astronomiques d'un objet céleste doivent donc être reliées au mouvement de la sphère céleste, c'est-à-dire à la rotation vers l'ouest des étoiles fixes. Nous pouvons y parvenir en relevant l'azimut et l'élévation de l'objet en question et ceux d'une étoile fixe connue, de la manière la plus simultanée possible. À partir de la Renaissance, lorsque les chronomètres fiables étaient disponibles, il suffisait de relever l'heure de l'observation. La méthode précédente peut être utilisée pour dresser une carte des étoiles fixes ou pour consigner le mouvement d'une planète.

3. *Ascension droite et déclinaison*

Une carte stellaire requiert un système de coordonnées tel que chaque étoile possède un couple figé de coordonnées, indépendant de l'instant ou du lieu de l'observation. L'ascension droite et la déclinaison d'une part, et la longitude et la latitude écliptiques d'autre part, sont deux systèmes voués à cette fin.

Ici, l'axe Z passe par le pôle nord céleste et l'axe X traverse un point situé dans la constellation des Poissons, correspondant à la position du Soleil à l'équinoxe de printemps. L'ascension droite est généralement mesurée non pas en degrés mais en heures : 24 heures = 360°. Elle croît en allant vers l'est. La déclinaison est mesurée en degrés nord et sud, de même que la longitude terrestre. Elle est notée en degrés, et apparaît sur la partie gauche de la Figure 2.3b par incréments de 15°. L'ascension droite est notée en heures le long de l'équateur céleste dans les Figures 2.3a et b. Celle-ci est analogue à la longitude terrestre, mis à part les différences suivantes :

1. L'ascension droite est mesurée en heures et non en degrés (1 heure = 15 degrés).
2. L'ascension droite s'échelonne entre 0 et 24 (en incluant 0 mais excluant 24). Les valeurs

allant de 0 à 12 et celles allant de 12 à 24 correspondent respectivement aux longitudes *ouest* (de 0° à 180°) et *est* (de 180° à 0°).
3. Le zénith à midi lors de l'équinoxe de printemps dénote une ascension droite nulle. (Le zénith à minuit lors de l'équinoxe de printemps, indiqué sur la Figure 2.3, possède une ascension droite de 12 heures.)

Une étoile, contrairement à une planète, est *immobile* au sens où son ascension droite et sa déclinaison sont invariables[9]. L'ascension droite et la déclinaison sont universellement utilisées pour les observations astronomiques modernes. Aujourd'hui, les observatoires astronomiques sont équipés d'un moteur qui déplace le télescope, l'observateur et la fente située dans le dôme de telle sorte que, dès que le télescope est positionné à une ascension droite et une déclinaison déterminées, il demeure dans la même direction jusqu'à ce qu'il soit réinitialisé.

4. Longitude et latitude écliptiques

Dans ce système, la trajectoire circulaire du Soleil sur la sphère céleste, l'*écliptique*, joue le rôle de l'équateur. Ainsi, l'axe Z passe par le pôle nord de l'écliptique, et la longitude écliptique croît en allant vers l'est. L'axe X, identique au système précédent, pointe vers la position du Soleil à l'équinoxe de printemps. La latitude écliptique est mesurée le long de méridiens nord ou sud, perpendiculaires à l'écliptique. La longitude et la latitude écliptiques ont été utilisées pour décrire la position des planètes parce que celles-ci suivent des trajectoires dans le zodiaque proches du cercle de l'écliptique. Elles sont plus stables que l'ascension droite et la déclinaison parce que celles d'une étoile fixe ne varient *pas* au cours des 25 785 années de la précession des équinoxes, un phénomène que nous détaillerons plus tard dans ce chapitre.

Les trois derniers systèmes de coordonnées possèdent les points communs suivants :

- L'élévation, la déclinaison et la latitude écliptique sont toutes mesurées en degrés nord et sud par rapport respectivement à l'horizon, l'équateur et l'écliptique.
- L'azimut, l'ascension droite et la longitude écliptique croissent tous en allant vers l'est.

En sus du quadrant (Figure 2.6), les observations astronomiques précises requièrent une horloge. La nuit, le mouvement des étoiles fixes constitue un bon chronomètre. Le jour, le Soleil pourrait jouer ce rôle mais nous verrons que, sans d'amples corrections qui n'étaient pas connues des astronomes de l'Antiquité, il ne peut être utilisé pour indiquer le temps de manière fiable.

2.3. LE SOLEIL

Les Grecs de l'Antiquité pensaient que le Soleil occupait sa propre sphère, distincte des autres, et qu'il existait plusieurs sphères « cristallines » qui engendraient la « mélodie des sphères » tout en gouvernant le mouvement de tous les corps célestes : les étoiles, le Soleil, la Lune et les planètes. Leur signification semble plus poétique que scientifique. Il est possible de discuter des contributions scientifiques des Grecs sans se référer à ces sphères cristallines : une unique *sphère céleste*, introduite au début de ce chapitre, suffit à ce propos.

Le Soleil se déplace relativement à la sphère céleste. S'il n'en était pas ainsi, il y aurait des étoiles si proches du Soleil qu'elles n'auraient jamais été observées. Le jour, aucune étoile n'est visible à cause de la luminosité du Soleil. Malgré tout, même dans le ciel diurne, des constellations d'étoiles sont présentes car celles-ci ont été localisées lorsque la position du Soleil le permettait. Nous pouvons ainsi dire, par exemple, que le Soleil se trouve dans la constellation du Lion même si ses étoiles ne sont pas visibles.

Le Soleil suit une trajectoire, dirigée vers l'est sur la sphère céleste, à une vitesse légèrement inférieure à un degré par jour. Cette courbe, le *cercle de l'écliptique* représenté sur la Figure 2.8, est un grand cercle incliné de 23,5° par rapport à l'équateur céleste. Du point de vue héliocentrique, le plan contenant le cercle de l'écliptique, le *plan de l'écliptique*, est celui qui contient l'orbite de la Terre autour du Soleil. L'inclinaison du cercle de l'écliptique, l'*obliquité* de l'écliptique, est égale à l'angle de 23,5° de l'axe de rotation de la Terre par rapport à une droite quelconque perpendiculaire au plan de l'écliptique, le plan contenant le Soleil et l'orbite terrestre. Dans la Figure 2.8, la flèche indique la direction du mouvement du Soleil, vers l'est. Les douze constellations situées sur l'écliptique forment un ensemble appelé le *zodiaque* : le Bélier, le Taureau, les Gémeaux, le Cancer, le Lion, la Vierge, la Balance, le Scorpion, le Sagittaire, le Capricorne, le Verseau et les Poissons. Le Soleil effectue une révolution complète le long de l'écliptique en une année.

Le diamètre de la sphère céleste perpendiculaire au plan de l'écliptique coupe celle-ci en deux points : les pôles nord et sud de l'écliptique. Le pôle nord de l'écliptique (PNE) est indiqué sur la Figure 2.8, de même que sur la Figure 2.3 où il apparaît dans la constellation du Dragon.

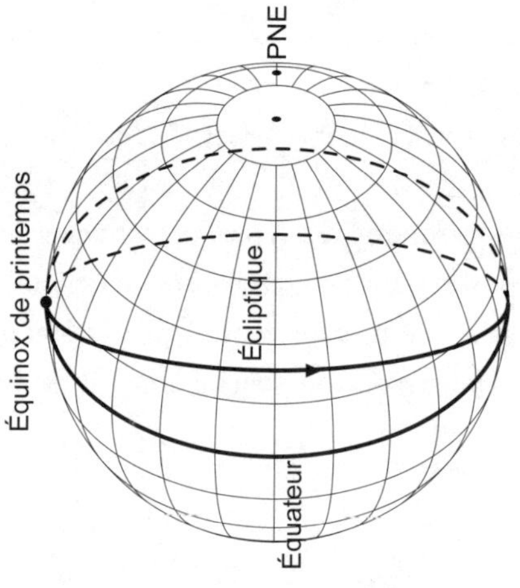

Figure 2.8 La sphère céleste révélant l'équateur, le cercle de l'écliptique et le pôle nord de l'écliptique (PNE).

Le PNE est un point plus stable que le pôle nord céleste. Pour se l'expliquer, il est utile de revenir à l'hypothèse héliocentrique moderne. La Terre oscille lentement à mesure qu'elle tourne. Ce mouvement de nutation, appelé *précession*, ressemble au mouvement d'oscillation d'une toupie. Du fait de la précession, le pôle nord céleste effectue un cercle autour du PNE tous les 25 785 ans. Ainsi, l'étoile polaire n'indique que de manière temporaire le nord. En vérité, à l'époque de Ptolémée il n'existait aucune étoile brillante pour indiquer la véritable direction du nord. La position du Soleil lors de l'équinoxe de printemps est indiquée dans la marge gauche de la Figure 2.8. À cause de la précession mentionnée ci-dessus, le Soleil à l'équinoxe de printemps se déplace graduellement vers l'ouest, d'une constellation du zodiaque à la suivante. C'est pour cette raison que la précession de l'axe de rotation de la Terre est appelée la *précession des équinoxes*. L'équinoxe de printemps se déplace actuellement des Poissons vers le Verseau (d'où l'expression « l'ère du Verseau » que l'on évoque parfois).

Le Soleil constitue notre principale mesure du temps, le divisant en jours et années. Ce concept, élémentaire au premier abord, est compliqué par le fait, discuté ci-dessous, que le jour apparent n'est pas constant.

Jour après jour

Le *jour apparent* est la période qui s'écoule entre deux midis, où cet instant est défini comme étant le moment où le Soleil traverse le méridien local – le grand cercle sur la sphère céleste contenant les pôles nord et sud et le zénith local. De façon étonnante, le jour apparent n'est pas constant, et cela pour deux raisons :

1. L'inclinaison de l'axe de rotation de la Terre.
2. La variation de la vitesse orbitale de la Terre. C'est Kepler qui découvrit cela au début du XVIIe siècle, en même temps qu'il s'aperçut que cette orbite dessine une ellipse, et non un cercle.

Le jour apparent peut s'allonger ou se raccourcir de 20 secondes par jour, ce qui entraîne une erreur cumulative pouvant s'élever à 15 minutes.

La période temporelle baptisée *jour solaire moyen* représente la durée moyenne des jours apparents. Le jour solaire moyen, divisé en heures, minutes et secondes, est l'étalon de temps pour l'astronomie et les besoins de la vie courante à travers le monde. En conséquence, le mot *jour* employé sans épithète est une abréviation de *jour solaire moyen*.

Le *jour sidéral* est l'intervalle de temps au cours duquel toute étoile fixe (autre que l'étoile polaire) accompli une révolution circulaire autour du pôle céleste – autrement dit, le temps nécessaire pour revenir au même méridien céleste lors de deux nuits successives. Le jour sidéral est égal à 23,9344696 heures. Cette valeur extrêmement stable est la période de rotation de la Terre autour de son axe. Le jour sidéral est plus court que le jour solaire moyen parce qu'au cours d'une journée le Soleil se déplace légèrement vers l'est (d'environ 1°) par rapport à la sphère céleste. Puisque le jour sidéral est un peu plus court que le jour solaire, les constellations stellaires se décalent vers l'ouest dans le ciel nocturne au cours de l'année.

Année après année

Une *année tropique* ou *solaire* est définie comme étant l'intervalle de temps s'écoulant entre deux équinoxes de printemps successifs, soit actuellement une période de 365,2424 jours.

L'année solaire est la base du temps de pratiquement tous les systèmes calendaires – par exemple les calendriers grégorien et julien – parce qu'elle se définit par l'alternance des saisons. Le calendrier julien a été abandonné du fait que les saisons s'y décalaient progressivement. Un équinoxe de printemps se produit à l'instant où le Soleil traverse l'équateur céleste du sud au nord.

L'année tropique, divisée en jours, heures et minutes, est la base du système de mesure du temps nommé *temps solaire moyen* selon lequel nous ajustons nos montres et qui rythme nos vies quotidiennes.

Une *année sidérale* est définie comme étant la durée nécessaire pour que le Soleil traverse le zodiaque entier – c'est-à-dire le temps d'une révolution de la Terre autour du Soleil – soit environ 365,2465 jours. L'année sidérale est plus stable que l'année tropique.

L'année tropique diffère de l'année sidérale du fait de la précession des équinoxes, dirigée vers l'ouest. La durée des années sidérale et tropique, ainsi que le phénomène de précession, fut mesuré pour la première fois par Hipparque (190–120 av. J.-C.). On rapporte qu'il aurait utilisé les données des Babyloniens pour parvenir à ces mesures. De façon remarquable, l'univers géocentrique à deux sphères de l'astronomie grecque était le cadre conceptuel idoine pour effectuer ses calculs.

Hipparque compila une table trigonométrique, la première du genre qui devint indispensable non seulement aux astronomes, mais également aux ingénieurs et aux physiciens, jusqu'à l'avènement de la calculatrice.

Hipparque améliore le modèle d'Aristote du mouvement solaire

L'anecdote qui suit illustre l'usage de la méthode scientifique dans l'Antiquité. Aristote, de même que nombre de ses contemporains, alléguait que le Soleil se déplace en orbite circulaire à vitesse constante avec la Terre au centre. Hipparque découvrit des faits tangibles qui étaient en conflit avec cette théorie, il proposa donc un modèle alternatif qui rendait compte de manière plus fidèle des données.

Ce récit, illustré dans la Figure 2.9, constitue une prémisse de la science moderne : l'usage d'*observations méticuleuses* pour déceler de *subtiles incohérences* avec une théorie. Hipparque avait remarqué que les durées des saisons sont inégales : le printemps et l'été dans l'hémisphère nord sont légèrement plus longs que l'automne et l'hiver. Il mit en exergue le fait que ces durées inégales sont incompatibles avec le précepte d'Aristote selon lequel le Soleil suit une trajectoire circulaire, dirigée vers l'est sur l'écliptique, à *vitesse constante* – une idée auparavant soutenue par le principe philosophique de la perfection du mouvement circulaire uniforme.

D'après notre connaissance actuelle, non disponible aux Grecs de l'Antiquité, les courbes externes grasses des Figures 2.9a et b représentent l'orbite elliptique de la Terre autour du Soleil, ou, ce qui revient au même en adoptant l'hypothèse géocentrique de l'Antiquité, l'orbite du Soleil autour de la Terre. Les graduations externes repèrent la position du Soleil à intervalles de temps égaux. Celles situées en haut de la figure sont légèrement plus proches les unes des

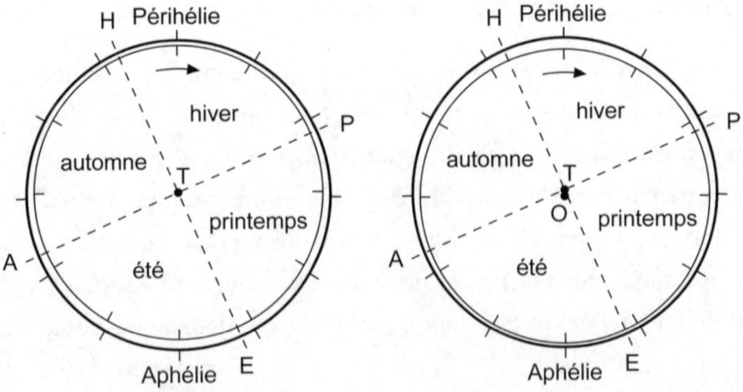

(a) La méthode d'Aristote **(b)** La correction de Hipparque

Figure 2.9 Hipparque améliore le modèle d'Aristote du mouvement du Soleil. Dans (a) et (b), la courbe externe représente le mouvement elliptique (quasiment circulaire) du Soleil par rapport à la Terre, orienté dans le sens horaire et observé du sud du plan de l'écliptique. Comme le découvrit Kepler au début du XVIIe siècle, cette courbe est une ellipse dont l'excentricité actuelle vaut 0,016710 et où la Terre occupe l'un de ses foyers noté T. Les graduations extérieures repèrent les douze durées égales commençant au périhélie – le point où la Terre est le plus proche du Soleil, étant atteint lors de la première semaine de janvier. Ces repères coïncident approximativement avec la rencontre annuelle du Soleil et de chacune des douze constellations du zodiaque. H, A, E et P dénotent respectivement le *solstice d'hiver*, l'*équinoxe d'automne*, le *solstice d'été* et l'*équinoxe de printemps*. Les droites HE et AP se coupent à angle droit en T. Le *périhélie* et l'*aphélie* sont les points où la distance entre la Terre et le Soleil est respectivement minimale et maximale. La vitesse apparente du Soleil dans sa course vers l'est est supérieure à proximité du périhélie et inférieure près de l'aphélie.

Aristote pensait que le Soleil se meut à vitesse constante le long d'une trajectoire circulaire dont le centre est occupé par la Terre. En (a), la courbe interne est ainsi un cercle avec la Terre T au centre. Les graduations internes divisent le cercle en douze parties égales, représentant les positions du Soleil à des intervalles de temps égaux, en accord avec la théorie d'Aristote. Le fait que les repères externes représentant les positions *réelles* du Soleil, observées depuis le point T, ne soient pas alignés avec les graduations internes représentant les positions *théoriques* de notre astre met en exergue un désaccord avec la théorie d'Aristote. Cette vitesse non constante du Soleil entraîne des durées inégales des quatre saisons, un fait consigné par Hipparque. Les durées actuelles en jours des saisons sont les suivantes : printemps : 92,764 ; été : 93,647 ; automne : 89,836 et hiver : 88,897.

Hipparque réduisit la divergence du modèle d'Aristote, comme indiqué en (b), en postulant que l'orbite du Soleil est un cercle centré non pas en T mais plutôt en O, un point décalé par rapport à T, dans la direction de l'aphélie (soit à peu près la constellation des Gémeaux), d'une distance s'élevant à 1/24e du rayon de cette orbite circulaire – c'est-à-dire une orbite circulaire *excentrée*. Les graduations internes et externes sont dorénavant assez bien alignées, ce qui constitue une amélioration du modèle du mouvement solaire.

autres que celles du bas.

Dans la Figure 2.9a, la courbe interne est un cercle centré sur la Terre T. Les graduations internes repèrent des distances égales parcourues en des temps égaux. Les graduations internes et externes ne coïncident pas exactement, exhibant un désaccord avec la théorie d'Aristote.

La Figure 2.9b montre comment Hipparque atténue ce désaccord en faisant en sorte que le cercle interne soit légèrement excentré – c'est-à-dire en déplaçant son centre du point T au point O. Nous remarquons que les graduations internes et externes sont désormais quasiment alignées, ce qui révèle une représentation plus fidèle du mouvement du Soleil.

Temps solaire moyen

Le lever et le coucher du Soleil sont souvent évoqués comme métaphore de l'inéluctable régularité du temps. Le système de temps fondé sur le mouvement du Soleil est baptisé *temps solaire apparent*. Le cadran solaire était le dispositif qui permettait de déterminer le temps solaire apparent pour les activités de la vie courante, bien avant l'usage désormais universel des horloges fiables. Néanmoins, nous avons vu dans la section précédente que le mouvement elliptique du Soleil n'est pas parfaitement régulier – il est plus rapide au périhélie (actuellement début janvier) et plus lent à l'aphélie. Une deuxième source d'irrégularité du temps solaire apparent provient de l'*obliquité de l'écliptique*, l'angle entre le plan de l'équateur et celui de l'orbite terrestre autour du Soleil : elle impose au Soleil apparent de se mouvoir plus rapidement lors des solstices d'été et d'hiver et plus lentement à l'approche des équinoxes de printemps et d'automne.

Au XVIIe siècle, les horloges mécaniques de grande précision furent inventées. Lors des expéditions à travers les océans, la latitude pouvait être déterminée par l'observation des étoiles, mais pour calculer la longitude, des horloges précises étaient nécessaires. Celles-ci montrent clairement l'irrégularité du temps solaire apparent et conduisent à la définition du *temps solaire moyen*, qui est fondé sur un Soleil fictif, le *Soleil moyen*. Ce dernier tourne autour de l'équateur céleste à vitesse constante tandis que le véritable Soleil tourne autour de l'écliptique à une vitesse variable. Le premier achève le tour de l'équateur terrestre à raison d'une révolution tous les 365,2564... jours, tandis que le second réalise une révolution autour de l'écliptique sur la même durée à une vitesse variable. Afin de définir le temps solaire moyen sans équivoque possible, nous pouvons arbitrairement choisir un certain instant particulier où le temps solaire moyen coïncide avec le temps solaire apparent. La convention actuelle précise que cette concomitance se produit le 25 décembre, ce qui en implique également une le 15 avril, le 13 juin et le 1er septembre, des dates dénuées de signification astronomique particulière.

Le temps solaire moyen, une mesure du temps fondée sur le Soleil moyen, incarne désormais le système de temps familier sur lequel se basent toutes les horloges du monde. La différence entre le temps solaire moyen et le temps solaire apparent est appelée *équation du temps*[10].

Le cadran solaire et l'analemme

Un cadran solaire est constitué d'une aiguille verticale, le *gnomon*, dont l'ombre sur le sol pointe vers l'heure de la journée indiquée sur un cadran horizontal convenablement étalonné suivant la latitude géographique du lieu.

La nuit, le Soleil n'est pas visible, mais nous pouvons tirer parti des étoiles fixes comme indicateurs du temps. En réalité, le mouvement de ces astres, dû à la rotation de la Terre, est une horloge beaucoup plus précise que le cadran solaire. Malheureusement, la forte luminosité du Soleil nous empêche de comparer la performance du cadran solaire à celle des étoiles. La

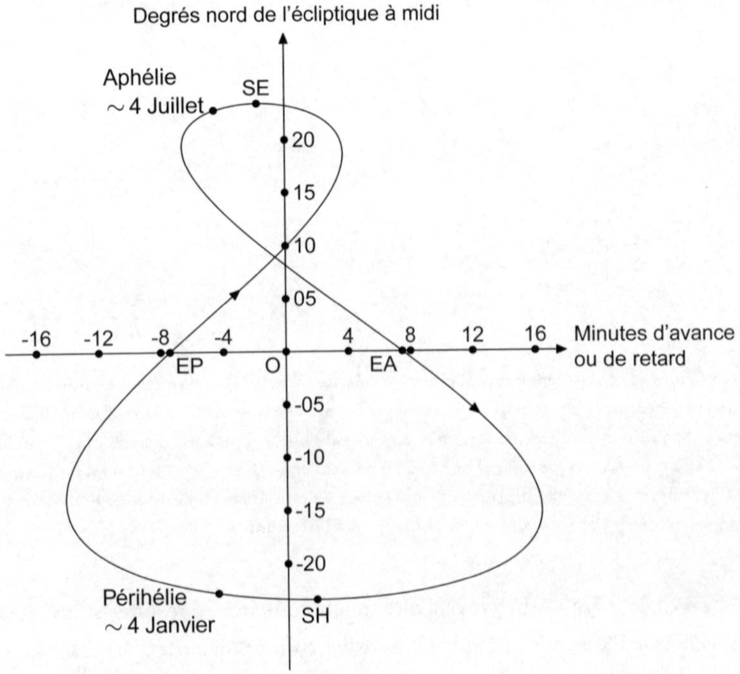

Figure 2.10 Analemme, indiquant la déviation du véritable Soleil par rapport au Soleil moyen, en fonction de la date. Sur l'axe horizontal, les minutes d'avance ou de retard peuvent être converties en degrés d'ascension droite (4 minutes = 1° de longitude). L'axe vertical repère la déclinaison du véritable Soleil. EP = équinoxe de printemps, SE = solstice d'été, EA = équinoxe d'automne, SH = solstice d'hiver.

vérification rigoureuse des caprices du cadran solaire dans l'indication du temps dut attendre l'invention des horloges mécaniques précises au XVIIe siècle.

Un *analemme* est un graphique (Figure 2.10) qui fournit une correction au cadran solaire en fonction de la date. L'analemme indique la déviation du Soleil apparent par rapport au Soleil moyen pour chaque jour de l'année. La coordonnée horizontale représente l'avance ou le retard du Soleil apparent sur le Soleil moyen (l'équation du temps), et la composante verticale révèle sa déclinaison. Le même analemme sert pour les cadrans solaires de toutes les latitudes géographiques[11].

L'analemme est souvent tracé sur des globes du monde, à l'instar des Figures 2.11a et b. Notez que celui-ci est disposé sur la sphère de sorte que sa taille en degrés se conforme aux échelles de latitude et de longitude du globe, alors que dans la Figure 2.10, l'échelle horizontale mesurant le temps en minutes est dilatée par rapport à celle verticale. (Un degré angulaire est égal à $24 \times 60/360 = 4$ minutes de temps.)

Si le Soleil est photographié en utilisant des prises de vues multiples, toutes exactement à la même heure chaque jour, l'image qui en résulte révèle un analemme, comme dans les Figures 2.11a et b. La représentation photographique est verticale, à l'instar de la Figure 2.11a, uniquement si les clichés du Soleil sont pris exactement à midi. Lorsque ceux-ci sont réalisés

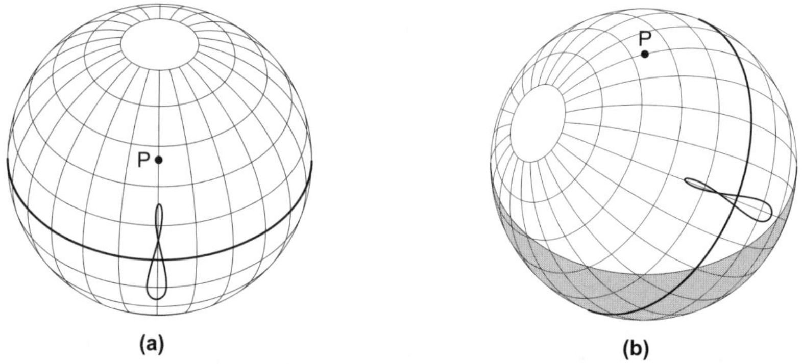

Figure 2.11 Les figures (a) et (b) représentent la sphère céleste. Le point P détermine le zénith d'un lieu situé à 40° Nord sur Terre (par exemple, Philadelphie) – à midi en (a) et à 16 heures en (b). Les multiples clichés du Soleil pris à la même heure chaque jour d'une année complète produisent l'image d'un analemme. En (a), le Soleil est photographié à midi précises chaque jour, et en (b) à 16 heures. En (a), la représentation est entièrement située au-dessus de l'horizon, tandis qu'en (b), la partie de la sphère céleste située en dessous de l'horizon et invisible pour P est grisée. L'analemme en (b) apparaît penché par rapport à l'horizon.

plutôt à 16 heures, la Figure 2.11b révèle que l'analemme qui en résulte est incliné par rapport à l'horizon. Dans les Figures 2.11a et b, P représente un point situé à 40° Nord de latitude[12].

L'une des œuvres de Ptolémée s'intitule *Analemma*. À cette époque, l'« analemme » représente simplement un outil graphique pour le calcul.

L'analemme, en tant qu'instrument de correction du temps indiqué par un cadran solaire, ne s'est développé qu'au XVIIIe siècle[13]. Il était non seulement calculé de manière théorique, mais était également observé expérimentalement par le truchement d'horloges précises.

Nous avons montré dans ce chapitre que le modèle géocentrique à deux sphères de l'Univers suffit pour décrire le mouvement des étoiles fixes et du Soleil. Dans les deux chapitres qui suivent, nous verrons comment les Grecs de l'Antiquité ont imaginé des méthodes géocentriques permettant prédire le mouvement du Soleil, de la Lune et des planètes, et dont l'usage persista jusqu'au XVIe siècle.

3

ÉPICYCLES ET MOUVEMENT RELATIF

Les astronomes grecs de l'Antiquité se référèrent au *mouvement épicycloïdal* afin de brosser une description géocentrique du mouvement des planètes. Ils proposèrent ce type de mouvement pour deux raisons :

1. Le mouvement épicycloïdal vérifie le précepte de Platon selon lequel la course des planètes doit se fonder sur une rotation circulaire uniforme.
2. Il procure un accord remarquable avec le mouvement observé des planètes.

Ce chapitre ainsi que les deux suivants traitent du mouvement épicycloïdal. Le chapitre 4 examine comment les Grecs de l'Antiquité en ont tiré parti pour l'astronomie, et le chapitre 5 considère certaines utilisations ornementales des courbes épicycloïdales. Pour le moment, le présent chapitre aborde le mouvement épicycloïdal d'un point de vue géométrique, tel qu'il devrait être exposé dans l'enseignement moderne.

Les astronomes de l'Antiquité grecque ne parvinrent pas à comprendre que le concept de *mouvement relatif* pouvait être utilisé pour appréhender le mouvement épicycloïdal. Le mouvement relatif, dorénavant considéré comme un concept élémentaire, apparaît dans ce chapitre pour montrer comment le mouvement épicycloïdal peut être transformé en mouvement orbital circulaire.

Ce chapitre considère le mouvement épicycloïdal d'un point de vue moderne. Dans le suivant, nous verrons comment Ptolémée et ses contemporains se servirent des observations pour déterminer le mouvement épicycloïdal des planètes.

3.1. UN AGENCEMENT MÉCANIQUE

Le mouvement épicycloïdal peut être reproduit mécaniquement à l'aide d'un assemblage de tiges pivotantes comme indiqué dans les Figures 3.1 et 3.2. Dans la Figure 3.1, les segments TO et OM sont des tiges de longueurs fixes respectives r_2 et r_1, liées en O. L'assemblage TOM tient dans un plan bidimensionnel. Le point T est marqué d'une étoile pour indiquer que c'est le point fixe de l'ensemble. Une charnière située au point d'attachement permet à la tige TO de tourner autour du point fixe T. Lorsque l'ensemble est mis en mouvement, la vitesse de rotation de chaque tige est définie comme étant le taux de variation de l'angle entre la tige et

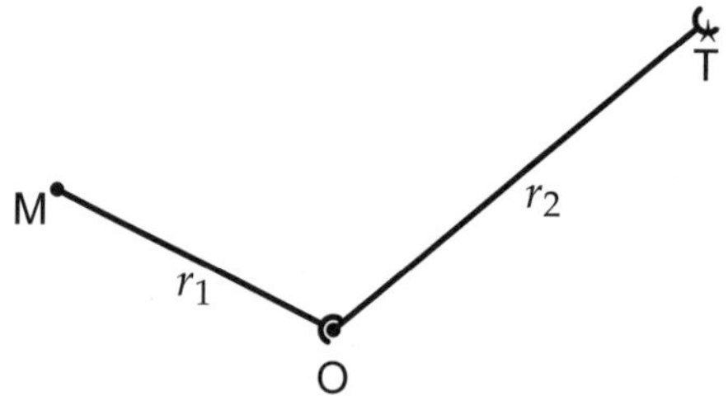

Figure 3.1 Assemblage de deux tiges pivotant en O et dont le point d'attachement T est fixe. Lorsque les tiges se déplacent à une vitesse de rotation constante, le point M réalise le mouvement épicycloïdal indiqué dans la Figure 3.2. Le point T est marqué par le symbole $\star$ pour indiquer que c'est le point fixe du dispositif. On place au point M un crayon afin de tracer la courbe épicycloïdale $\mathcal{M}$, la trajectoire du mouvement épicycloïdal.

la direction horizontale. Le point M réalise un mouvement épicycloïdal lorsque les deux tiges tournent à vitesse angulaire constante.

La Figure 3.2 montre l'assemblage des deux tiges de la Figure 3.1 en mouvement de sorte que le point M réalise un mouvement épicycloïdal le long de la courbe épicycloïdale $\mathcal{M}$. Ces rouages se déplacent dans le sens horaire en traversant dix positions espacées par des intervalles de temps égaux. Le point charnière O se déplace dans le même sens à vitesse angulaire constante ω_2 le long du cercle $\mathcal{D}$, appelé cercle *déférent*. Le point M se déplace dans le sens horaire à vitesse angulaire constante ω_1 le long du cercle $\mathcal{E}$, appelé épicycle, pendant que le centre O de ce cercle $\mathcal{E}$ réalise simultanément le mouvement circulaire décrit dans la phrase précédente. Le mouvement de M, composition des deux mouvements circulaires décrits ci-dessus, constitue un mouvement épicycloïdal le long de la courbe épicycloïdale $\mathcal{M}$.

La vitesse de traçage du point M est indiquée par l'écartement entre les points de la courbe $\mathcal{M}$ – elle ralentit en se rapprochant de la boucle $\mathcal{L}$. La forme de la courbe résultante $\mathcal{M}$ est déterminée par deux rapports[1] : celui des longueurs des tiges r_1/r_2 et celui des vitesses de rotation ω_1/ω_2.

En ajustant les valeurs de r_1, r_2, ω_1, et ω_2, nous pouvons obtenir le mouvement épicycloïdal à deux tiges que nous souhaitons. En général, tout mouvement épicycloïdal peut être défini par un agencement d'un nombre arbitraire de tiges, mais dans ce chapitre nous n'examinerons que les cas à deux ou trois tiges.

Le Théorème fondamental du mouvement épicycloïdal

Je qualifie le théorème qui suit de *fondamental* parce qu'il joue un rôle important dans le développement de l'astronomie des planètes. C'est un résultat qu'il est à la fois facile d'établir et de démontrer. La section 6.1 évoque que Ptolémée y a fait une allusion passagère, mais, malgré tout, il ne parvint pas à percevoir toute l'importance de ce théorème.

De façon surprenante, l'ordre des tiges n'affecte pas la forme de la courbe épicycloïdale qui

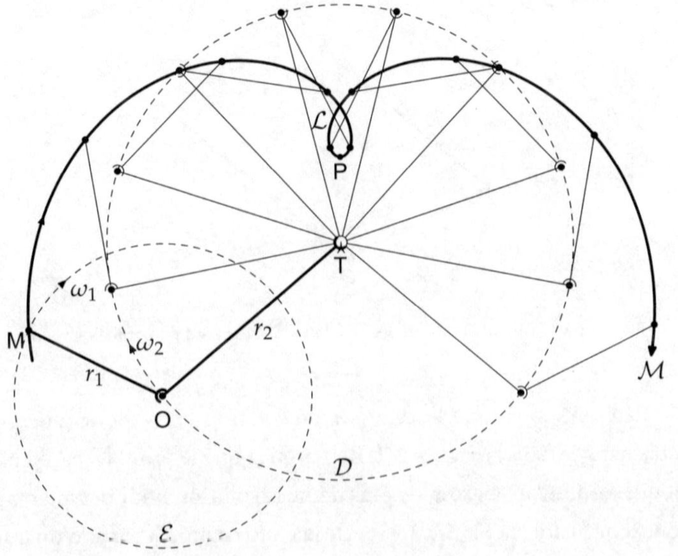

Figure 3.2 L'agencement TOM des deux tiges, également indiqué dans la Figure 3.1, révèle le mouvement épicycloïdal dans le sens horaire du point M, le long de la courbe épicycloïdale $\mathcal{M}$. Les tiges de longueurs r_1 et r_2 tournent dans le sens horaire avec les vitesses angulaires respectives ω_1 et ω_2. On indique la position de l'assemblage évoluant au cours de dix intervalles identiques de temps correspondant à dix arcs de cercle égaux sur le cercle déférent $\mathcal{D}$ de rayon r_2, à mesure que le point O se déplace à vitesse angulaire constante ω_2 sur $\mathcal{D}$. Le point O représente le centre mobile du cercle $\mathcal{E}$, l'épicycle, tournant à vitesse angulaire constante ω_1. Le point M situé sur la circonférence de l'épicycle $\mathcal{E}$ effectue le mouvement épicycloïdal $\mathcal{M}$.

en résulte : même si nous modifions leur ordre de fixation, nous obtenons la même courbe épicycloïdale, à condition que chacune des tiges conserve sa vitesse de rotation d'origine et son angle de départ. Plus formellement, nous énonçons le théorème suivant :

Théorème 3.1 (Théorème fondamental du mouvement épicycloïdal). Un mouvement épicycloïdal demeure inchangé même si l'ordre de fixation des tiges est modifié, à condition que :

1. la longueur de chaque tige demeure inchangée,
2. l'angle initial de chaque tige est le même, et
3. la vitesse de rotation de chaque tige n'est pas modifiée.

Ce résultat peut s'observer dans le cas de deux tiges en examinant la Figure 3.3, qui révèle que les deux agencements, l'assemblage original TOM et celui d'ordre inverse TSM, forment un parallélogramme. Au sommet M du parallélogramme se trouve le crayon pour ces deux configurations.

Dans la Figure 3.3, l'angle $\widehat{\mathsf{STO}}$ varie à mesure que le temps avance, mais les deux assemblages continuent de former un parallélogramme. Autrement dit, les extrémités de TOM et de TSM se rencontrent toujours au point M.

Par conséquent, la Figure 3.4 montre que l'on obtient la même courbe épicycloïdale lorsque

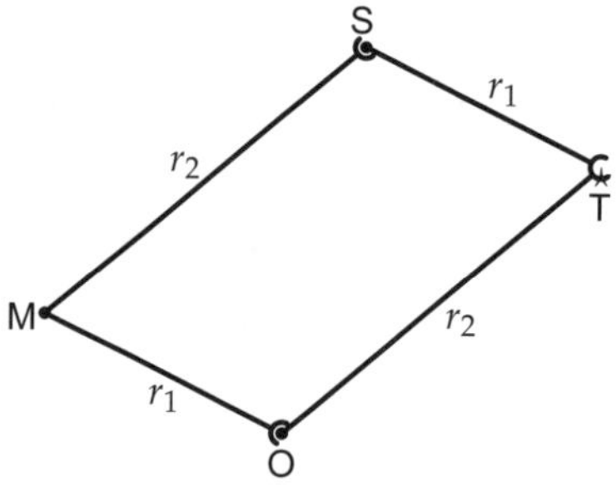

Figure 3.3 Les deux agencements TOM et TSM forment un parallélogramme.

l'épicycle et le déférent, ainsi que les vitesses de rotation correspondantes ω_1 et ω_2, sont mutuellement échangés dans la Figure 3.2. Remarquez que le point M parcourt le déférent $\mathcal{D}$ si rapidement que nous avons besoin de plus d'une révolution pour dessiner la même courbe. Pour éviter toute confusion, la Figure 3.4 révèle la construction à partir d'un nombre inférieur de points, 6 uniquement, là où la Figure 3.2 en affiche 10.

On interprète les données orbitales de la Terre et de Mars en construisant les Figures 3.2 et 3.4. En vérité, ces courbes reconstituent le mouvement de Mars en se fondant sur le *modèle déférent-épicycle*, que l'on examinera dans la Section 4.3. Nous verrons que dans ce modèle, T représente la Terre, M Mars et $\mathcal{M}$ est la trajectoire de Mars. Le point O ne marque la position d'aucun corps céleste et le point S suscite un intérêt particulier. Dans le modèle de Ptolémée, le Soleil se situe dans le prolongement du segment de droite TS de la Figure 3.4. Selon Copernic – par exemple, dans le modèle géocentrique de Tycho Brahe – le Soleil est

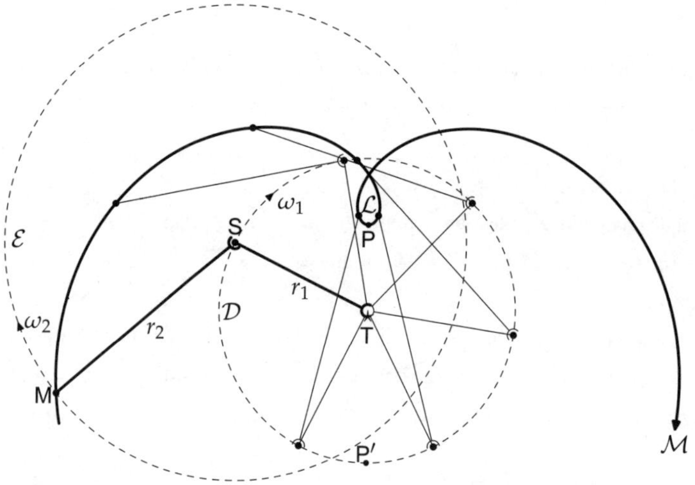

Figure 3.4 Courbe épicycloïdale dessinée en permutant le déférent et l'épicycle de la Figure 3.2. Le fait que ces deux courbes se ressemblent bien qu'elles soient engendrées différemment illustre le Théorème 3.1. Les données orbitales de la Terre et de Mars sont interprétées en construisant de telles courbes. En réalité, elles représentent le mouvement de Mars dans le cadre du *modèle déférent-épicycle*, discuté dans la Section 4.3.

situé précisément au point S.

L'argument utilisé pour établir le Théorème 3.1 implique un résultat plus général. On dessine toujours une trajectoire identique si le déférent et l'épicycle sont permutés, même si :

1. le déférent et l'épicycle sont parcourus à des vitesses non constantes,
2. le déférent et l'épicycle ne sont pas des cercles,
3. et même si le déférent et l'épicycle ne sont pas des courbes situées dans un plan.

Par exemple, il est vrai qu'en intervertissant l'ordre entre le déférent et l'épicycle nous obtenons la même trajectoire, quand bien même ils représenteraient des orbites planétaires telles que nous les observons aujourd'hui – des ellipses, pas nécessairement situées dans le même plan, et dont les vitesses ne sont pas constantes.

La définition du mouvement épicycloïdal peut être extrapolée pour englober des agencements d'un nombre arbitraire de tiges. Celles-ci sont reliées en file indienne, à l'instar des vertèbres de la colonne vertébrale. À ce titre, la Figure 5.2 révèle un assemblage de trois tiges, où une extrémité de la première est immobile. Les tiges tournent dans un plan fixe, chacune avec une vitesse de rotation constante et indépendante des autres. L'extrémité finale du dernier rayon, non liée à une autre tige, tient un crayon et dessine la courbe épicycloïdale.

3.2. MOUVEMENT RELATIF

Un *référentiel* est un système de coordonnées que l'on suppose immobile dans le temps et par rapport auquel on se réfère pour mesurer le mouvement. Pour tracer le trajet des planètes, nous devons relier celui-ci à un référentiel. Jusqu'à l'époque d'Einstein, à l'aube du XXe siècle, les astronomes supposaient qu'il n'y avait qu'un seul référentiel correct – fût-il géocentrique ou héliocentrique. Or après Einstein, nous en admettons dorénavant une multitude et reconnaissons que les référentiels correctement définis sont logiquement acceptables, même si cela est embarrassant. Cependant, il faut bien comprendre que le mouvement relatif était un concept étranger à Ptolémée et aux autres astronomes de l'Antiquité. Ces derniers privilégiaient un référentiel géocentrique dans lequel la Terre incarne le centre immobile – en désaccord avec les astronomes modernes qui ont de bonnes raisons d'attribuer au Soleil ce rôle. Il n'existe aucune contradiction logique à considérer la Terre ou le Soleil comme immobile et à établir le mouvement du reste du Système solaire en conséquence.

« Mars ne voyage pas *réellement* en formant une boucle comme dans la courbe épicycloïdale de la Figure 3.2, n'est-ce pas ? » Lorsque nous observons Mars à l'œil nu dans le ciel nocturne pendant quelques heures, nous ne décelons aucun mouvement. Néanmoins, sur une période d'un mois, il devient évident que Mars se déplace relativement aux étoiles fixes. Ce mouvement est généralement dirigé vers l'est avec quelques périodes rétrogrades dirigées vers l'ouest, comme indiqué dans la Figure 4.5. La réponse à la question du début de ce paragraphe est « Si ! » : Mars exhibe de temps à autre un mouvement rétrograde lorsqu'on l'observe depuis la Terre, par rapport aux étoiles fixes.

L'observation depuis la Terre de la position d'une planète ne met en jeu que deux dimensions – par exemple, l'azimut et l'élévation, ou l'ascension droite et la déclinaison. Avant la technologie spatiale de nos jours, il n'était possible de localiser une planète dans un système de coordonnées à trois dimensions que dans certains contextes théoriques – établis, par exemple, par Ptolémée ou Copernic. Les systèmes de coordonnées en usage actuellement sont confirmés par l'exploration spatiale.

Un mouvement dans un référentiel particulier peut être décrit mathématiquement en faisant appel à un système de coordonnées approprié. (Voir la discussion sur les systèmes de coordonnées dans la Section 2.2.) Un référentiel différent engendrera une description mathématique différente du même mouvement. Par exemple, Mars possède un mouvement épicycloïdal par rapport à un système de coordonnées géocentrique et un mouvement elliptique relativement à un système de coordonnées héliocentrique. Il existe plusieurs manières de définir ces systèmes de coordonnées. Nous explicitons ci-dessous les repères géocentrique équatorial et héliocentrique écliptique. Pour déterminer un système de coordonnées tridimensionnel, il suffit d'en préciser l'origine, l'axe Z et l'axe X.

Le repère géocentrique équatorial utilise le centre de la Terre comme origine. L'axe Z passe par l'origine et le pôle Nord, et l'axe X traverse l'origine et l'équinoxe de printemps – un point situé dans la constellation du Bélier. Bien que le centre de la Terre soit fixe dans ce système de coordonnées, sa surface accomplit une rotation autour de son axe en un jour sidéral (23,93 heures).

Le repère héliocentrique écliptique utilise le centre du Soleil comme origine. La direction de l'axe Z est perpendiculaire au plan de l'écliptique – le plan de l'orbite terrestre – et l'axe X est dirigé vers l'équinoxe de printemps (ou point vernal). Dans ce système de coordonnées, la Terre gravite autour du Soleil en une année sidérale (365,2465 jours).

Le mouvement des planètes peut exhaustivement être décrit dans chacun de ces référentiels, mais nous avons finalement découvert que le repère héliocentrique a l'avantage d'être beaucoup plus simple.

Mouvement héliocentrique de Mars

Le mouvement épicycloïdal de Mars dans la Figure 3.4 se simplifie grandement si S, le Soleil, est considéré comme fixe à la place de T, la Terre – ou autrement dit, si on remplace la vision géocentrique par celle héliocentrique. La conséquence de ce changement de point de vue est indiquée dans la Figure 3.5. L'assemblage ASC est fixé au point S, le Soleil, et les tiges SA et SC dessinent les cercles $\mathcal{E}$ et $\mathcal{D}$, les orbites respectives de la Terre et de Mars. Remarquez que la trajectoire épicycloïdale $\mathcal{M}$ de Mars de la Figure 3.4 a entièrement disparu : la Figure 3.5 ne contient aucune courbe plus complexe qu'un cercle.

La Figure 3.5 révèle les positions de la construction ASC à neuf instants régulièrement espacés. Ainsi, au cours du premier intervalle de temps, le point A (la Terre) se déplace le long d'un arc de cercle $\widehat{AB}$ centré en S (le Soleil), et le point C (Mars) glisse le long de l'arc $\widehat{CD}$. Ceci constitue une simplification de la représentation de Copernic des orbites de la Terre ($\mathcal{E}$) et de Mars ($\mathcal{D}$), parce que celui-ci avait incorporé de légers ajustements, que l'on présentera plus tard, afin d'améliorer la précision de son modèle.

Dans la Figure 3.5, les flèches $\overrightarrow{AC}$, $\overrightarrow{BD}$, …représentent les lignes de vision allant de la Terre vers Mars à chacun des neufs instants régulièrement espacés. Cette direction voit son mouvement angulaire renversé, passant du sens horaire à antihoraire, pendant le sixième et septième intervalle de temps – correspondant à l'arc $\widehat{LMN}$ – car c'est à ce moment que la Terre dépasse Mars dans sa course autour du Soleil. La Terre passe devant Mars de cette façon parce que, à l'instar des autres planètes supérieures Jupiter et Saturne, Mars se déplace sur une orbite $\mathcal{D}$ plus grande que celle de la Terre ($\mathcal{E}$), à une vitesse angulaire par rapport au Soleil inférieure à celle de la Terre. À mesure que Mars parcourt l'arc $\widehat{LMN}$, il inverse brièvement son mouvement céleste par rapport aux étoiles fixes, d'un dirigé vers l'est à un dirigé vers l'ouest. Ce mouvement *rétrograde* explique la présence de la boucle $\mathcal{L}$ dans les Figures 3.2 et 3.4. Comme nous le verrons plus longuement dans le prochain chapitre, le mouvement rétrograde que manifestent Mars et les autres planètes supérieures constituait la motivation principale de Ptolémée et des astronomes de l'Antiquité pour privilégier les épicycles comme modèles du mouvement des planètes.

Ces anciens astronomes savaient que le mouvement rétrograde se produit uniquement lorsqu'une planète supérieure, la Terre et le Soleil sont quasiment alignés, comme l'illustre la ligne droite SEM de la Figure 3.5. Cette représentation héliocentrique indique qu'il existe une explication géométrique à la corrélation entre cet alignement et le mouvement rétrograde. Les astronomes n'y avaient pas connaissance parce qu'elle ne se manifeste pas clairement dans les modèles géocentriques comme ceux des Figures 3.2 et 3.4 – c'est une lacune majeure du modèle des épicycles. À l'inverse, la Figure 3.5 procure une justification géométrique du lien

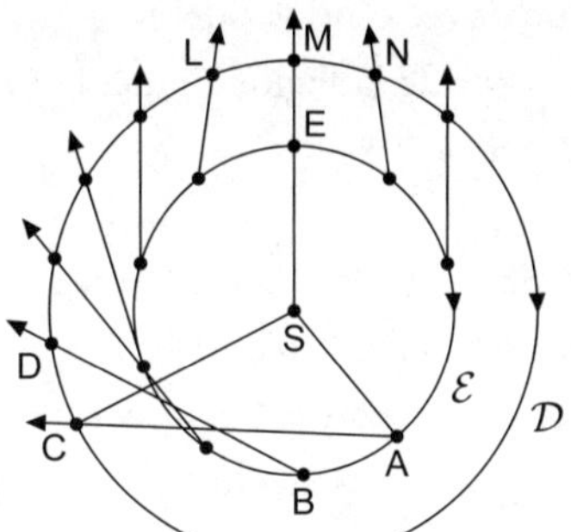

Figure 3.5 Mouvement de la construction ASC où le point S, le Soleil, demeure fixe. Les points A, B, …, E, …et C, D, …, L, M, N, …représentent respectivement les positions de la Terre et de Mars à neuf instants régulièrement espacés et révèlent le mouvement dans le sens horaire de ces deux planètes le long des cercles respectifs $\mathcal{E}$ et $\mathcal{D}$. La Figure 3.4 montre le même mouvement de Mars où la Terre demeure au point fixe A de la figure ci-dessus. Les flèches représentent les lignes de vision allant de la Terre vers Mars à ces neuf instants.

observé entre l'alignement Soleil–Terre–Mars SEM et le mouvement rétrograde.

Dans la Figure 3.3, quatre candidats se présentent d'eux-mêmes pour tenir le rôle du centre immobile du Système solaire. La Terre et le Soleil – c'est-à-dire T et S dans la Figure 3.4 – ont déjà été discutés. Les deux autres choix sont le point M, Mars, et le point O de la Figure 3.2, que nous dénommerons le *centre vide*. Si les astronomes martiens existaient, ils auraient choisi Mars (M) comme centre immobile, mais aucun astronome terrien n'a jeté son dévolu sur cette alternative.

Le centre vide

L'astronomie moderne s'est développée du XVIe siècle jusqu'à nos jours en se fondant sur l'idée d'un Soleil immobile. Néanmoins, un exercice intéressant dans le concept de mouvement relatif consiste à explorer une alternative distincte. Dans la Figure 3.2, le point O joue un rôle analogue au point S, le Soleil, de la Figure 3.4. Que se passerait-il si le point O, le centre vide défini ci-dessus, était immobile ? Cela produirait un dispositif très similaire au planétaire, décrit par la suite. La différence est que le point T, la Terre, tournerait sur un cercle de rayon r_2 à une vitesse angulaire ω_2, et Mars sur un cercle de rayon r_1 à une vitesse angulaire ω_1 – le mouvement indiqué dans la Figure 3.6 où les points T et M, la Terre et Mars, sont permutés. Curieusement, par rapport à un centre vide immobile O, la Terre et Mars échangeraient leurs rayons, de sorte que Mars deviendrait alors une planète *inférieure*. Le Soleil S, pour sa part, suivrait la courbe épicycloïdale des Figures 3.2 et 3.4.

Ptolémée préférait la Figure 3.2 à la Figure 3.4 dans la description du mouvement de Mars – une préférence qui accordait au centre vide une position dominante. Comme on peut s'y attendre, cela aurait pu fourvoyer Ptolémée, ou tout autre astronome, du fait qu'il aurait considéré le mouvement des planètes par rapport à un centre vide immobile, comme décrit dans le paragraphe précédent. Un tel schéma aurait pu être crédible si Mars était la seule planète visible. Puisque ce n'est pas le cas, chaque planète, hormis la Terre, définit un centre vide distinct. Il aurait été ainsi très improbable que les astronomes de l'Antiquité associent le mouvement de la Terre à chacun de ces centres vides !

Malgré cette indifférence vis-à-vis de la logique pure, le système héliocentrique présente deux avantages sur celui géocentrique :

1. La représentation du mouvement du Système solaire où la Terre est immobile est nettement plus compliquée que celle où le Soleil est au centre.
2. Le Système solaire héliocentrique prépare le terrain à la théorie de la gravitation universelle de Newton. Les Grecs de l'Antiquité avaient étudié la *cinématique* du Système solaire, c'est-à-dire son mouvement pur, mais n'avaient aucune théorie correspondante de la *dynamique*, c'est-à-dire des forces en jeu.

Les astronomes contemporains penchent pour la théorie héliocentrique parce que le modèle géocentrique est plus compliqué, sans pour autant présenter de bénéfices en retour. En réalité, la manière la plus directe de développer une théorie géocentrique correcte du Système solaire consiste d'abord à mettre au point la vision héliocentrique puis à la traduire dans le système géocentrique correspondant. Cependant, une fois que la théorie héliocentrique est comprise, c'est en quelque sorte une régression que d'en construire une géocentrique. Mais sans cette compréhension profonde, la science balbutiante de l'astronomie effectuait ses premiers pas tâtonnants.

Le planétaire – un modèle mécanique du Système solaire

L'assemblage rotatif décrivant le mouvement de Mars, indiqué dans la Figure 3.4, peut être modifié en un dispositif héliocentrique. Nous pouvons y parvenir en laissant le point S, le Soleil, fixe à la place du point T. De cette façon, les points T et M, la Terre et Mars, tournent en orbites circulaires autour de S, le Soleil, comme l'indique la Figure 3.6.

Dans cette configuration, l'assemblage devient un *planétaire* (également dénommé orrery), un dispositif mécanique représentant le mouvement des planètes, inventé en 1710 par l'horloger anglais George Graham et qu'il baptisa en l'honneur de son mécène, le 4ème compte d'Orrery.

Une horloge ordinaire devient un planétaire si (1) le centre de l'horloge représente le Soleil, (2) l'extrémité de l'aiguille des heures représente le mouvement de Jupiter, et (3) un point situé sur l'aiguille des minutes, suffisamment proche du centre, représente la Terre. Ce modèle convient parce que l'aiguille des minutes tourne douze fois plus vite que celles des heures, or la période orbitale de Jupiter s'élève à 11,86 années, un nombre assez proche de 12.

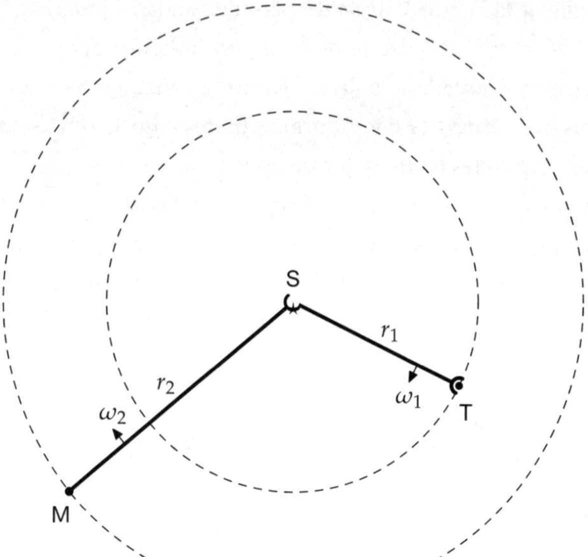

Figure 3.6 Le planétaire.

Un planétaire est imprécis parce que chacune de ses planètes se déplace à *vitesse constante* sur une *orbite circulaire*. Malgré tout, ce dispositif est parfois exposé dans les musées des sciences. Il reste néanmoins intéressant car, mis à part son intérêt historique, le planétaire fournit une vision qualitativement raisonnable du mouvement des planètes.

Le modèle déférent-épicycle et le planétaire décrivent tous deux le même mouvement – le premier relativement à une Terre immobile et le second par rapport à un Soleil stationnaire. Ainsi, si nous affirmons que le planétaire procure une vision raisonnable du mouvement des planètes, alors il doit en être de même du modèle déférent-épicycle.

Il est ardu d'incorporer le mouvement de toutes les planètes à l'échelle correcte dans un planétaire parce que, comme l'indique la Figure 3.7, les orbites des planètes externes sont beaucoup plus grandes que celles des planètes internes.

On convertit le planétaire en un dispositif qui illustre le modèle déférent-épicycle si nous brisons le point d'attache qui maintient la représentation du Soleil à sa place puis clouons la Terre. Concrètement, cela pourrait être difficile à accomplir parce que le moteur qui entraîne le planétaire est généralement fixé au Soleil. Si nous ignorons ce problème technique, le mouvement qui en résulte est illustré dans la Figure 3.8.

Puisque Saturne et Jupiter sont beaucoup plus éloignés du Soleil que Mars, Vénus et Mercure, la Figure 3.8 sépare le problème en deux. La Figure 3.8a montre le modèle déférent-épicycle appliqué au mouvement des planètes externes (Saturne et Jupiter) et la Figure 3.8b le fait pour les planètes internes (Mercure, Vénus et Mars).

Les planètes externes se déplacent sur des distances plus grandes à des vitesses moins élevées. C'est pour cette raison que l'échelle de la Figure 3.8b est six fois plus grande que celle de la Figure 3.8a. De surcroît, la période couverte par la Figure 3.8a est d'environ six années (2 250 jours), tandis que celle de la Figure 3.8b est d'environ un an (375 jours).

Dans les Figures 3.8a et b, la trajectoire du Soleil est indiquée par la courbe en tirets. Les liaisons entre la Terre et le Soleil, puis de ce dernier à chacune des planètes dessinent les mouvements de tous ces corps. Les tiges tournent toutes dans le sens horaire à des vitesses angulaires constantes, distinctes les unes des autres.

Ptolémée n'aurait pas approuvé cette représentation du mouvement des planètes, indiquée par la Figure 3.8, parce qu'il s'était fourvoyé avec la notion aristotélicienne d'ensemble de sphères cristallines, concentriques avec la Terre, isolant le mouvement de chaque planète

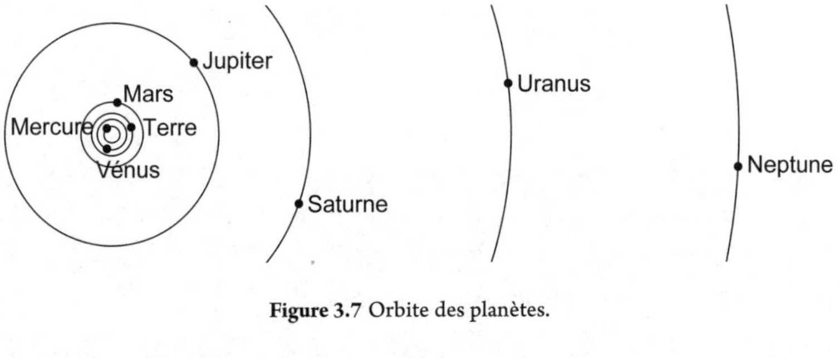

Figure 3.7 Orbite des planètes.

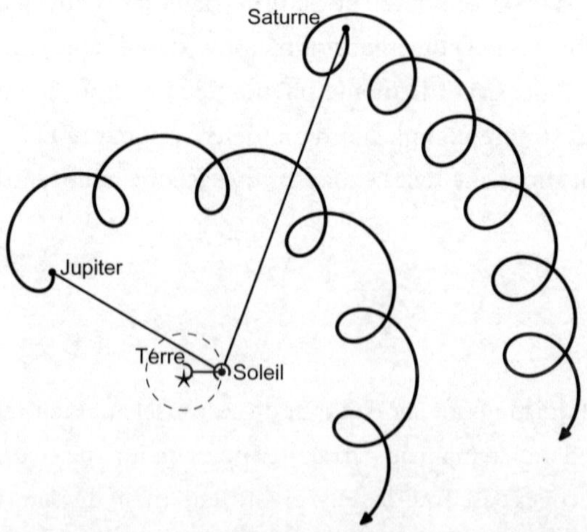

(a) Jupiter et Saturne au cours d'une période d'environ six années (2 250 jours).

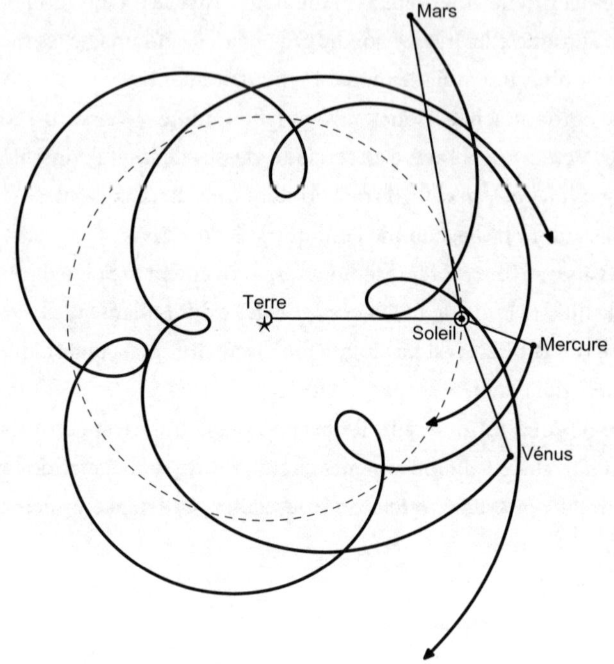

(b) Mercure, Vénus et Mars au cours d'une période d'environ un an (375 jours).

Figure 3.8 Mouvement géocentrique des planètes selon le modèle déférent-épicycle.

des autres. La Figure 3.8b était tout aussi inacceptable parce que les trajectoires des planètes internes s'entrecroisent de manière confuse, tandis que les sphères cristallines les maintiennent séparées. De plus, la Figure 3.8a aurait été critiquée car les sphères cristallines assurent qu'il n'existe pas de vastes espaces vacants entre les planètes.

Les représentations de Mars, Jupiter et Saturne dans la Figure 3.8a ignorent l'idée de Ptolémée soutenant que le cercle déférent soit plus grand que l'épicycle.

Les Figures 3.7 et 3.8 décrivent le même phénomène, le mouvement du Système solaire dans son ensemble. L'extrême complexité de la deuxième figure par rapport à la première constitue un argument supplémentaire en faveur du système héliocentrique, comparé à celui géocentrique.

Vaisseau Terre 2

Sophie est un enfant qui aimerait faire un tour de carrousel, mais elle est très sensible au mal des transports. Cependant, ce manège particulier possède une place où elle peut profiter du tour sans souffrir de vertiges parce que le siège pivote lentement de façon à laisser son occupant toujours face au nord à mesure que le carrousel tourne. Sophie monte sur le manège et décide de jouer à un jeu, un exercice de l'imagination, afin de dissiper tout mal des transports résiduel. Elle décide d'imaginer qu'elle ne se déplace nullement – qu'elle est immobile, et que le manège tout entier tourne autour d'elle. Jules – qui dirige le manège et ramasse les tickets – se tient au centre, mais, pour Sophie, il semble se mouvoir circulairement.

Sophie tient une corde attachée à jouet, un avion dénommé « Vaisseau Terre 2 ». À mesure qu'elle tourne, elle fait tournoyer l'avion en cercle au-dessus de sa tête. Ainsi, il lui semble qu'elle est immobile, et que Jules et Vaisseau Terre 2 orbitent tous deux à des vitesses différentes et en formant des cercles autour d'elle, comme l'indique la Figure 3.9a.

Sophie, Jules et Vaisseau Terre 2 représentent respectivement le Soleil, Jupiter et la Terre. Le jeu de la petite fille illustre la vision héliocentrique des orbites planétaires – excepté le fait que la véritable courbe des orbites n'est pas tout à fait circulaire (mais plutôt elliptique) et que la vitesse d'une planète qui gravite n'est pas constante.

Le point de vue de Jules est différent. Il observe que la trajectoire de Vaisseau Terre 2 est composée de deux cercles : les mouvements circulaires du manège et de l'avion. En réalité, le jouet suit un trajet qui est un cercle dont le centre se déplace également sur un trajet

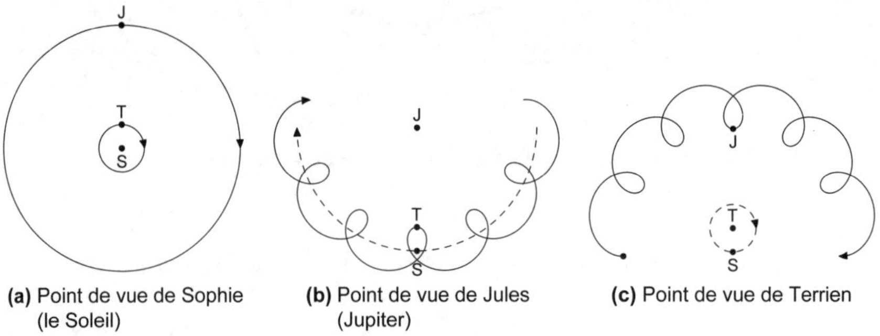

Figure 3.9 Chacun des trois acteurs du récit de Vaisseau Terre 2 peut imaginer qu'elle ou il est immobile et que les deux autres se meuvent. Les courbes épicycloïdales ont été construites à partir des données astronomiques de Jupiter. La Figure (c) représente la forme géocentrique du modèle déférent-épicycle du mouvement de Jupiter, et (a) est le modèle héliocentrique correspondant.

circulaire : c'est une courbe épicycloïdale à deux cercles. Du point de vue jovien de Jules, la Terre se déplace le long d'une courbe épicycloïdale engendrée par deux cercles : la trajectoire circulaire de Sophie, le *déférent*, et celle de Vaisseau Terre 2, l'*épicycle*. Sophie, située au centre de l'épicycle, avance le long du trajet circulaire défini par le déférent. Cette vision des choses est représentée dans la Figure 3.9b.

Sophie, une jeune fille qui ne manque pas d'inspiration, se lasse rapidement de son premier jeu et en invente un autre. Elle suppose que le siège de Vaisseau Terre 2 est occupé par son ami imaginaire, Terrien. Puisque ce dernier, comme Sophie, est hautement sujet aux vertiges, elle imagine qu'il possède également un siège faisant toujours face au nord. « Que se passerait-il si Terrien jouait à mon jeu ? Autrement dit : supposez qu'il pense qu'il est au repos et que je me déplace en cercle autour de lui. Dans ce cas, comment percevra-t-il le mouvement de Jules ? » De son point de vue, Sophie se déplace sur une orbite circulaire, et Jules suit également un trajet circulaire dont Sophie est le centre. Terrien voit que Sophie longe un déférent dont le rayon est égal à la longueur de la corde qu'elle utilise pour faire tournoyer l'avion, et Jules dessine un épicycle dont le rayon est égal à la distance entre Sophie et Jules. En d'autres termes, de même que les astronomes grecs de l'Antiquité pensaient que la trajectoire de Jupiter est une courbe épicycloïdale, Terrien est convaincu que :

1. Il est immobile,
2. Sophie (le Soleil) tourne autour de lui sur une trajectoire circulaire,
3. Jules (Jupiter) suit la courbe épicycloïdale indiquée dans la Figure 3.9c.

Il est naturel de s'interroger : « Si Terrien pense que la trajectoire de Jupiter est une courbe épicycloïdale, et que les Joviens s'imaginent que la trajectoire de la Terre est également une courbe du même type, comment pouvons-nous comparer ces deux courbes épicycloïdales ? » Elles sont *exactement identiques* ! Plus précisément, d'après la comparaison des Figures 3.9b et c, chaque courbe sur la sphère céleste est une réflexion antipodale de l'autre. Cela s'explique par le fait qu'à chaque instant, la ligne de vision allant de la Terre à Jupiter est l'inverse de celle de Jupiter à la Terre.

L'histoire de Sophie, Jules et Vaisseau Terre 2 est un modèle simplifié du mouvement relatif du Soleil, de Jupiter et de la Terre. Le point de vue de Terrien, dans la Figure 3.9c, représente le modèle déférent-épicycle du mouvement de Jupiter, et celui de Sophie, dans la Figure 3.9a, est la vision héliocentrique correspondante. Les deux parties de la Figure 3.8 constituent des développements géocentriques de la Figure 3.9c.

Le modèle incarné par le tour de carrousel de Sophie et par la Figure 3.7 fait abstraction de certaines subtilités, du fait des hypothèses simplificatrices suivantes :

1. Les orbites héliocentriques des planètes sont des cercles concentriques où le Soleil est au centre. Les planètes suivent ces orbites circulaires à vitesse constante. Les trajectoires géocentriques équivalentes sont des courbes épicycloïdales à deux cercles où la Terre est au

centre du déférent[3].

2. Les orbites circulaires (ou le déférent et l'épicycle) sont toutes situées dans le plan de l'écliptique.

À l'aube du XVIIe siècle, Kepler savait déjà que ces deux suppositions ne constituaient que de grossières approximations. Il avait découvert que l'orbite de Mars est une ellipse quasiment circulaire dont l'excentricité s'élève à environ 0,09. (Une ellipse d'excentricité nulle est un cercle.) Sa deuxième loi décrit précisément dans quelle proportion Mars réduit sa vitesse à mesure qu'il s'éloigne du Soleil, et Kepler a montré que le plan de son orbite révèle une inclinaison d'environ 1,9° par rapport au plan de l'écliptique.

Afin de modéliser de manière plus exacte le mouvement des planètes, le manège de Sophie doit subir quelques modifications pour tenir comptes de ces subtilités. La petite fille peut aisément incliner légèrement l'orbite de Vaisseau Terre 2, mais pour faire en sorte que les orbites soient elliptiques, la corde retenant l'avion ainsi que le carrousel tout entier doivent être élastiques. (Ils doivent se déformer d'une façon si précise que l'imagination est mise au défi !) De surcroît, le mouvement tourbillonnant de Sophie et le manège lui-même doivent accélérer et ralentir de façon appropriée.

Ces amendements au récit semblent extravagants, mais demeurent à portée de l'imagination. Ainsi, le mouvement héliocentrique ou géocentrique des planètes peut être fidèlement modélisé en effectuant des modifications mineures à la courbe épicycloïdale à deux cercles. Comme nous le verrons au chapitre 6, il est exaspérant de voir à quel point Ptolémée et les astronomes de l'Antiquité étaient proches d'un modèle correct du Système solaire.

Ces astronomes qui défendaient la vision géocentrique du Système solaire n'avaient pas appréhendé le relativisme sous-jacent à l'histoire de Vaisseau Terre 2, contée ci-dessus. Ils ne firent preuve d'aucune flexibilité de l'esprit pour faire le rapprochement entre les points de vue géocentrique et héliocentrique. S'ils l'avaient pu, ils auraient réalisé que l'hypothèse héliocentrique est plus simple.

Dans le présent chapitre, nous avons porté notre regard moderne sur les instruments des astronomes de l'Antiquité. Dans le suivant, nous verrons comment Ptolémée et ses contemporains déterminèrent des valeurs numériques convenables aux paramètres du mouvement épicycloïdal des planètes.

4

LE MODÈLE DÉFÉRENT-ÉPICYCLE

Le problème que devaient résoudre les astronomes de l'Antiquité consistait à façonner une théorie correcte du mouvement des planètes en *trois* dimensions à partir des observations à *deux* dimensions, comme dans la Figure 4.3. Ils y parvinrent assez bien au regard des difficultés rencontrées – principalement le fait que les planètes sont si éloignées que leurs localisations simultanées depuis des points d'observation distincts sur la surface de la Terre ne sont pas notablement différentes à l'œil nu. À l'époque, l'utilité de la parallaxe – dont fait l'objet la Section 2.1 – en tant qu'outil astronomique était moins reconnue qu'aujourd'hui. Par la suite, Kepler en fit usage de façon ingénieuse (voir la Section 8.2) pour cartographier le mouvement des planètes.

4.1. LE MOUVEMENT RÉTROGRADE

Par rapport à la toile de fond des étoiles fixes, le mouvement des planètes se manifeste généralement d'ouest en est en suivant approximativement l'écliptique (défini dans la Section 2.3). Néanmoins, Ptolémée et les autres astronomes étaient intrigués par le fait que de temps à autre une planète, vue de la Terre, exhibe un mouvement *rétrograde* – c'est-à-dire qu'elle change brièvement de direction et se déplace vers l'ouest. Cette section en donne un exemple avec le mouvement rétrograde de Mars. Celui-ci s'observe facilement parce qu'il se produit lorsque la planète est à l'opposé du Soleil et est plus lumineuse. À l'inverse, le mouvement rétrograde de Vénus est difficile à observer parce que ce phénomène se produit uniquement lorsque Vénus jouxte le Soleil sur la voûte céleste. Ce clivage est la manifestation du fait que Vénus, ainsi que Mercure, est une planète *inférieure*, signifiant par là que son orbite est plus proche du Soleil que celle de la Terre. D'un autre côté, Mars, Jupiter et Saturne sont des planètes *supérieures* – leurs orbites sont plus éloignées du Soleil que celle de la Terre.

L'*élongation* d'une planète se définit comme étant la distance angulaire, mesurée depuis la Terre, entre le Soleil et cette planète. Elle varie dans le temps. Les planètes inférieures possèdent une élongation limitée. Les élongations maximales de Mercure et de Vénus sont respectivement de 28° et 47°, comme l'indique la Figure 4.1 dans le contexte héliocentrique. Par conséquent, ces planètes ne peuvent être observées plus de trois heures après le coucher du Soleil ou avant l'aube.

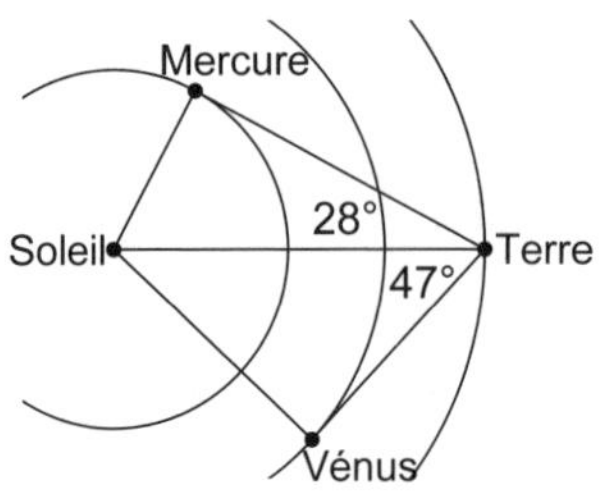

Figure 4.1 Élongations maximales de Mercure et de Vénus. Les droites reliant la Terre à Mercure et à Vénus sont tangentes à leurs orbites respectives, lesquelles s'apparentent à des cercles.

Les planètes *internes* sont, par définition, celles les plus proches du Soleil : Mercure, Vénus, la Terre et Mars. Les planètes restantes Jupiter et Saturne – ainsi que celles inconnues dans l'Antiquité, Uranus, Neptune et Pluton[1] – sont qualifiées de planètes *externes* car elles sont beaucoup plus éloignées du Soleil. Il ne faut pas confondre planète interne et planète inférieure. Mars, en particulier, est interne mais supérieure. Les planètes internes sont telluriques, et celles externes sont gazeuses – une réalité qu'ignoraient les astronomes de l'Antiquité.

Le mouvement rétrograde d'une planète ne se produit que lorsque la Terre, le Soleil et la planète en question sont quasiment alignés. La Figure 4.2, bien qu'elle fasse appel au point de vue héliocentrique moderne, indique la terminologie relative aux alignements. À chaque fois que cela est possible, nous utiliserons notre vision héliocentrique familière lorsqu'elle permet de simplifier la discussion – tout en gardant à l'esprit le fait que Ptolémée et les autres astronomes de l'Antiquité, puisqu'ils avaient jeté leur dévolu sur un univers géocentrique, portaient un jugement différent sur ces questions.

Remarquez que les définitions citées dans la Figure 4.2 sont différentes selon que la planète soit inférieure ou supérieure. Dans tous les cas d'alignement, la planète est située de telle sorte que sa longitude écliptique (définie dans la Section 2.2) soit identique à celle du Soleil ou en diffère de 180°. Puisque la latitude écliptique de chaque planète est insignifiante, nous pouvons dire que la Terre, le Soleil et la planète sont quasiment colinéaires en conjonction ou en opposition. Pour une planète inférieure, respectivement supérieure, le mouvement rétrograde se produit lorsqu'elle est en *conjonction inférieure*, ou en *opposition*. En conjonction inférieure, la planète inférieure a tendance à se fondre dans l'éblouissement du Soleil.

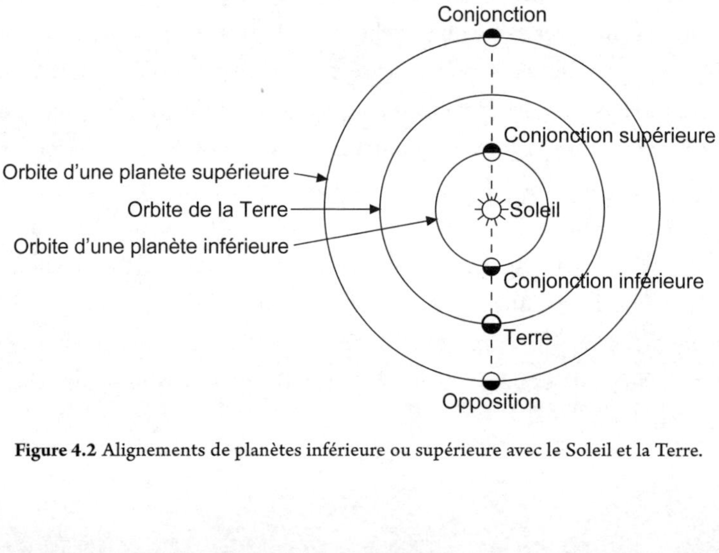

Figure 4.2 Alignements de planètes inférieure ou supérieure avec le Soleil et la Terre.

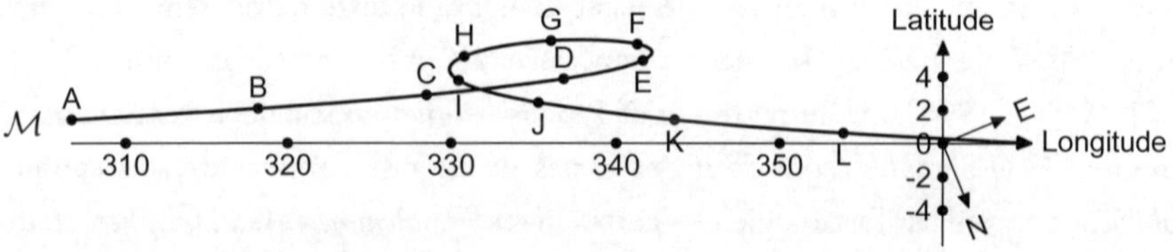

Figure 4.3 La courbe $\mathcal{M}$ représente un épisode rétrograde de Mars. L'axe horizontal (la longitude) coïncide avec le cercle de l'écliptique. L'axe vertical passe par le point vernal (de longitude nulle) où la direction Est fait un angle de 22,5° avec l'écliptique. Les points A, B, …, L sur $\mathcal{M}$ représentent les localisations de Mars à 20 jours d'intervalle et le point G correspond à sa position le 27 août 2003, une opposition durant laquelle la planète est parvenue à son point le plus proche de la Terre au bout de pratiquement 60 000 ans. Notez l'usage de la boussole *céleste*, l'image miroir de celle terrestre.

L'orbite de chaque planète se situe dans un plan faisant un petit angle, l'angle d'inclinaison, avec le plan de l'écliptique. Ces angles s'élèvent tous à 2° environ ou moins, excepté pour Vénus (3,4°), Mercure (7,0°) et Pluton (17,1°). C'est la raison pour laquelle une planète ne coïncide pas nécessairement exactement avec le Soleil au cours d'une conjonction. Si une planète inférieure (Mercure ou Vénus) traverse véritablement le Soleil, on appelle cette conjonction inférieure un *transit* devant le Soleil.

La Figure 4.3 constitue un exemple de mouvement rétrograde, qui s'est produit au cours des semaines précédent et suivant l'opposition de Mars du 27 août 2003. À cette date, Mars était parvenue à son point le plus proche de la Terre de ces 60 000 dernières années environ, même si la planète s'en était quasiment autant rapprochée à de nombreuses autres reprises – le plus récemment, le 23 août 1924. Mars semble effectuer des boucles similaires, mais pas identiques, à chaque opposition – des événements se produisant à peu près tous les 22 mois.

La Figure 4.3 retrace le mouvement rétrograde de Mars tel qu'il est perçu depuis la surface de la Terre. Ptolémée et les autres astronomes de son époque étaient parvenus à rendre compte, assez fidèlement, du mouvement longitudinal des planètes – le déplacement horizontal de la Figure 4.3. Ptolémée s'acquitta également du mouvement latitudinal grâce à des courbes épicycloïdales affublées d'un petit angle entre les plans du déférent et de l'épicycle – une technique que nous n'évoquerons pas ici.

4.2. PTOLÉMÉE

L'astronome alexandrin Claude Ptolémée (v. 85–165) rédigea de nombreux traités sur les mouvements du Soleil, de la Lune et des planètes. La majeure partie de ses ouvrages reprend l'œuvre des astronomes de l'Antiquité l'ayant précédé. Bien qu'il ne fût pas l'inventeur des courbes épicycloïdales, il s'en servit intensément.

Ptolémée intitula son œuvre majeure la *Composition mathématique*, que nous appelons aujourd'hui l'*Almageste*, « la très grande », un titre honorifique donnés par les savants arabes qui traduisirent les premiers ses travaux du grec en arabe au Xe siècle. En Europe, l'*Almageste* fut traduit de l'arabe en latin au XIIe siècle, et demeura le texte de référence en astronomie jusqu'au XVIe siècle. La seule traduction française a été publiée en deux volumes en 1813 et 1816 (Ptolémée, 1998). Les autres traités de Ptolémée qui nous soient parvenus comprennent notamment la *Géographie*, contenant des cartes du monde connues de son époque, et la *Tétrabible*, un travail sur l'astrologie. Ses autres livres l'*Analemme* et le *Planisphère* traitent des techniques relatives aux mesures célestes.

Un certain mystère règne autour de la personnalité de Ptolémée. Nous ne savons rien de sa vie personnelle. On a même suggéré qu'il ait vécu beaucoup plus tard parce que l'étoile polaire jouit de la toute première place dans son catalogue stellaire et que, à l'époque où Ptolémée a soi-disant vécu, celle-ci n'indiquait pas le pôle Nord céleste comme de nos jours : il n'y avait par conséquent aucune raison d'accorder autant d'estime à cette étoile. Néanmoins, nous ne pouvons pas savoir si son catalogue stellaire a été ultérieurement « corrigé ».

Ptolémée a été récemment accusé de plagiat et d'avoir faussé des données (R. R. Newton, 1977). Cependant, ce chapitre ne s'appuie pas sur la *source* de l'astronomie qu'il a développée.

Ptolémée et les autres astronomes de l'Antiquité, qui tirèrent parti des courbes épicycloïdales pour décrire les orbites planétaires, prenaient garde de suivre le conseil de Platon, qui enjoignait aux astronomes de fonder leurs théories sur le mouvement circulaire uniforme. Le récit de Vaisseau Terre 2 dans la Section 3.2 illustre comment les orbites des planètes peuvent s'apparenter à des courbes épicycloïdales, relativement à une Terre immobile.

Nous pourrions penser que puisque Ptolémée se plaçait dans le contexte géocentrique, il aurait été incapable de déterminer le mouvement des planètes résultant d'une compréhension théorique du Système solaire et qu'il devait avoir utilisé les courbes épicycloïdales simplement en guise de technique d'*ajustement aux données*[2], mais les deux raisons suivantes nous montrent que ce n'est pas vrai :

1. Ptolémée n'exploita pas uniquement les données numériques issues de ses observations des planètes. Il relia également leur mouvement à celui du Soleil. Par exemple, il savait qu'au point médian du mouvement rétrograde d'une planète, le Soleil, la Terre et cette planète étaient alignés.
2. Une courbe épicycloïdale à deux cercles représente foncièrement un modèle correct de théorie géocentrique du mouvement des planètes. La vision géocentrique n'est pas erronée à proprement parler, mais simplement inutilement compliquée. C'est cette idée qui a été illustrée dans l'histoire de Vaisseau Terre 2 de la Section 3.2.

La persistance du préjugé en faveur du mouvement circulaire uniforme s'explique en partie par le fait que Ptolémée parvint brillamment à résoudre le problème posé par Platon. En réalité, il s'appuya sur les courbes épicycloïdales, basées sur la rotation circulaire uniforme, pour prédire le mouvement des planètes avec une précision prodigieuse. Durant plus d'un millénaire, le fait que les erreurs étaient mineures convainquit les héritiers de Ptolémée qu'il était sur la bonne voie et que ses méthodes ne demandaient qu'à être perfectionnées.

Le mentor de Ptolémée

Nous ne savons pas qui était le mentor de Ptolémée, ni s'il en avait réellement un. Ce qui suit est une fiction de ce que son mentor, s'il avait existé, aurait pu lui dire alors qu'il débutait dans la profession.

> « Ptolémée, j'ai été impressionné par vos contributions dans notre étude. En vérité, j'ai la plus grande considération pour vos aptitudes scientifiques. Pour le moment, j'aimerais vous suggérer un problème ouvert, pourvu que vous soyez disposé à courir le risque d'affronter une question réellement épineuse qui pourrait vous mener à une impasse.
>
> J'ai à l'esprit le problème du *mouvement rétrograde des planètes*. Je suis sûr que vous avez eu écho de cette question maintes fois débattue dans notre enseignement, mais je pense que nos théories actuelles sont inappropriées.
>
> J'ai là une esquisse d'un épisode rétrograde de Mars. (Voir la Figure 4.3.) Il s'y trouve un phénomène criant qui réclame une explication intelligible. D'un côté, ces boucles rétrogrades se produisent avec une régularité de métronome. D'autre part, elles ne sont jamais parfaitement identiques, et manifestent une asymétrie ostensible. Si nous poursuivons jusqu'au bout des choses, je suis persuadé que nous parviendrons à une compréhension plus complète, non seulement du mouvement des planètes, mais de toutes les facettes de l'astronomie. »

Le mentor de Ptolémée aurait été ravi de savoir que ce dernier deviendra par la suite l'astronome le plus influent du monde antique et qu'il sera considéré comme la plus éminente autorité en astronomie jusqu'au XVIe siècle. Celui-ci eu la chance de voir son œuvre l'*Almageste* préservée et traduite au Xe siècle par les savants arabes. Ptolémée développa largement l'utilisation des données observationnelles et fit preuve de toute la puissance de prédiction de ses méthodes. Son travail se fondait sur un examen minutieux et détaillé des observations astronomiques.

Les modèles mathématiques de Ptolémée faisaient appel aux épicycles, aux excentriques et aux équants. La théorie des épicycles et des excentriques était connue d'Apollonius de Perge (v. 262–190 av. J.-C.) qui vécut plus de 300 ans avant Ptolémée. Cependant, ce dernier inventa seul l'équant, qui devint par la suite le fondement de l'*hypothèse vicariante* de Kepler (Section 8.2) – le précurseur de sa théorie des orbites elliptiques.

L'insistance de Ptolémée en faveur du modèle géocentrique du Système solaire constituait son principal défaut. L'hypothèse géocentrique considère le mouvement du Soleil, de la Lune et des planètes par rapport à celui de la Terre. Était-elle fausse ou tout simplement maladroite ? Ptolémée tenta d'utiliser les courbes épicycloïdales pour modéliser le mouvement des planètes, mais il découvrit que certaines modifications étaient nécessaires.

Ptolémée et ses prédécesseurs, Apollonius et Hipparque, utilisèrent les courbes épicycloïdales pour rendre compte du mouvement des planètes. Pour parvenir à un accord convenable, la version la plus simple de ce modèle – la courbe épicycloïdale à deux cercles – devait subir quelques aménagements. L'une de ces modifications, l'*excentrique*, est illustrée dans la Figure 2.9, et celle de Ptolémée, l'*équant*, fera l'objet d'une discussion en rapport avec la Figure 4.11.

4.3. LE MODÈLE DÉFÉRENT-ÉPICYCLE

La Figure 4.3 soulève quelques problèmes délicats. Nous allons considérer une première tentative, élégante de par sa simplicité mais approximative au niveau de l'accord avec les observations, pour expliquer cette figure.

Les Grecs de l'Antiquité éprouvaient de la difficulté à expliquer le mouvement planétaire rétrograde tout en préservant leur prédilection pour un univers géocentrique et en honorant ainsi le précepte de Platon stipulant que le mouvement des corps célestes se fonde nécessairement sur une rotation circulaire uniforme. C'est à ce titre qu'Apollonius de Perge suggéra les courbes épicycloïdales. Par ironie du sort, celui-ci rédigea également de nombreux traités sur les sections coniques, dont les ellipses, qui décriront précisément la véritable forme des orbites planétaires, comme le découvrit Kepler par la suite. Le mouvement épicycloïdal fut ultérieurement modifié par Hipparque et Ptolémée pour se rapprocher encore plus du mouvement observé des planètes, mais nous laissons de côté pour le moment les considérations sur ces corrections. Cette section traite de la forme la plus simple du modèle épicycloïdal : le *modèle déférent-épicycle.*

Le modèle déférent-épicycle satisfait à la requête de Platon pour un mouvement circulaire uniforme avec une étonnante simplicité, mais il requiert malheureusement quelques rafistolages pour rendre compte de façon acceptable du mouvement des planètes. Malgré ces imperfections, le modèle déférent-épicycle est détaillé ici pour deux raisons :

1. Il illustre sans trop de complexité la méthodologie des astronomes de l'Antiquité.
2. Le modèle déférent-épicycle ouvre la voie à la théorie héliocentrique de Copernic.

Ce modèle postule que le mouvement de chaque planète est gouverné par une courbe épicycloïdale à deux cercles, où la Terre est située au centre du cercle déférent. Le point situé sur l'épicycle effectue un mouvement circulaire uniforme par rapport à son centre, lequel effectue également un mouvement circulaire uniforme sur le cercle déférent. Les Figures 3.2 et 3.4 révèlent deux versions du modèle déférent-épicycle, elles font l'objet de la discussion de la Section 3.1. Dans ces deux figures, les points T et M représentent respectivement la Terre et Mars, et les courbes $\mathcal{D}$ et $\mathcal{E}$ sont le déférent et l'épicycle. La courbe $\mathcal{M}$ possède la même forme et est dessinée à la même vitesse par le point M. Autrement dit, si nous permutons le déférent et l'épicycle, nous obtenons toujours le même mouvement.

La courbe épicycloïdale de la Figure 3.2 est notée $\mathcal{M}$ parce qu'elle représente la trajectoire de la planète Mars. Pour mesurer la plausibilité de cette représentation, supposez que la Terre T se trouve dans un plan légèrement décalé par rapport à la courbe épicycloïdale $\mathcal{M}$. Alors, la perspective de $\mathcal{M}$ au voisinage du point P, vue depuis la Terre T, ressemble aux observations réelles de Mars indiquées à la Figure 4.3.

Le modèle déférent-épicycle, illustré dans la Figure 3.2, renferme des indices importants, dont la plupart ne seront compris que bien plus tard par Copernic et les astronomes qui l'ont suivit. Comme nous l'expliquerons dans la suite de ce chapitre, les astronomes de l'Antiquité avaient déterminé ω_1 et ω_2 avec une grande exactitude, et le rapport r_1/r_2 avec moins de précision, en observant le mouvement de Mars. Ptolémée et les autres astronomes savaient que ω_1 et ω_2 représentent les vitesses de rotation moyennes respectives, autour de l'écliptique, du Soleil et de Mars. Néanmoins, ils n'avaient pas compris que r_1/r_2 représente le rapport des distances moyennes au Soleil de la Terre et de Mars – comme l'avança bien plus tard Copernic dans sa théorie héliocentrique. L'absence de cette signification de r_1/r_2, ainsi que des rapports correspondants des autres planètes, constituait un cruel défaut pour les astronomes de l'Antiquité, ce qui les empêcha d'appréhender les distances relatives des diverses planètes – de jauger les proportions correctes du Système solaire.

Ptolémée avait défini le modèle déférent-épicycle de sorte que la droite OM de la Figure 3.2 soit parallèle à celle reliant la Terre au Soleil. D'après le Théorème 3.1, cela revient à affirmer que la droite TS de la Figure 3.4 passe par le Soleil. En invoquant les proportions coperniciennes, inconnues de Ptolémée, une proposition beaucoup plus profonde peut être formulée : le point S *est* le Soleil.

Dans la Figure 3.2, l'inversion entre le déférent et l'épicycle permise par le Théorème 3.1 efface curieusement le mouvement du Soleil S. Dans la Figure 3.4, S est le Soleil alors que dans la Figure 3.2, le point O ne représente aucun corps céleste, ce qui nous laisse penser que la représentation la plus significative du mouvement de Mars est celle de la Figure 3.4.

Ptolémée et les astronomes grecs de l'Antiquité firent en sorte que le déférent soit toujours le plus grand cercle. Ce choix est pertinent pour les planètes inférieures (Mercure et Vénus) mais pas pour les planètes supérieures (Mars, Jupiter et Saturne). Malheureusement, la représentation de la Figure 3.4 n'était pas celle qu'ils privilégiaient pour modéliser le mouvement de Mars. Cela aurait été un choix beaucoup plus judicieux parce que (1) il indique clairement la position S du Soleil, (2) il peut prendre en compte deux planètes ou plus simultanément, et (3) il mène directement de l'hypothèse géocentrique à celle plus simple de l'héliocentrisme. Les astronomes de l'Antiquité ne perçurent pas cette opportunité de relier plus étroitement le modèle déférent-épicycle à la réalité physique.

Par la suite, nous suivrons malgré tout la préférence de Ptolémée, qu'indique la Figure 4.4, dans notre discussion de Mars.

Les courbes épicycloïdales constituent-elles un modèle erroné du mouvement céleste ? Dans le chapitre précédent nous avons vu que celles dotées de trois tiges couvrent une large palette de formes. En réalité, la théorie des *fonctions presque périodiques* – due au mathématicien Harald Bohr (1887–1951), frère du physicien Niels Bohr – montre qu'avec un nombre suffisant de tiges, les courbes épicycloïdales peuvent constituer une approximation de précision arbitraire de tout mouvement dans le plan appartenant à une vaste classe que l'on qualifie de *presque périodique*, incluant le mouvement des planètes[3]. Ainsi, il peut sembler non surprenant que les astronomes de l'Antiquité aient pu concilier ces courbes avec le mouvement observé des planètes.

Comme mentionné ci-dessus, la théorie moderne des fonctions presque périodiques, étrangère aux astronomes antiques, garantit que des épicycles supplémentaires – ils sont généralement petits, et je les appellerai des *épicyclettes* – améliore globalement l'exactitude de l'approximation déférent-épicycle du mouvement planétaire. Néanmoins, cette précision accrue se fait au détriment d'une confusion induisant en erreur ! Le déférent et l'épicycle sont des cercles dotés d'une signification physique, même si les astronomes de l'Antiquité ne l'avaient pas appréhendée. En réalité, ce sont des approximations de deux orbites héliocentriques – celles de la Terre et de la planète en question. Des épicyclettes supplémentaires, même si cela améliore la concordance entre le modèle déférent-épicycle et le mouvement observé des planètes, ne possèdent *pas* de signification physique similaire et indépendante. Par conséquent, l'emploi par ces premiers astronomes de courbes épicycloïdales ayant trois cercles générateurs ou plus améliorait la précision de la description géocentrique du mouvement céleste, mais cela tendait dans le même temps à entraver le grand bond en avant qui devait suivre : la révolution copernicienne. Ainsi, l'usage de courbes épicycloïdales plus complexes fait l'amalgame entre la réalité physique et une technique d'approximation sophistiquée. Pour cette raison, le présent chapitre met l'accent sur le modèle à deux cercles, physiquement plus éloquent : le modèle déférent-épicycle.

Le schéma déférent-épicycle nécessite quelques aménagements, présentés plus loin, pour être en bon accord avec les observations. Par exemple, en revenant à la Figure 3.2, le positionnement de la Terre au centre T de la courbe épicycloïdale engendre deux difficultés :

Difficulté 1. Si nous étions des observateurs situés dans le même plan que la courbe épicycloïdale $\mathcal{M}$, le mouvement de Mars nous paraîtrait linéaire et nous serions incapables d'observer une quelconque boucle rétrograde. Nous verrions Mars reculer puis avancer le long du cercle de l'écliptique. La seule allusion de l'existence d'une boucle serait que Mars renverse occasionnellement sa trajectoire dirigée vers l'est tout en accroissant sa luminosité. Autrement dit, ce modèle décrit le mouvement de Mars en longitude écliptique et ignore le problème de la latitude. Celui-ci requiert donc quelques modifications pour rendre compte du mouvement latitudinal, par exemple en plaçant le déférent et l'épicycle sur des plans légèrement distincts. La modification qui en résulte est une courbe non plane.

Difficulté 2. Bien que le modèle déférent-épicycle prédise de multiples boucles rétrogrades *de tailles identiques*, une observation méticuleuse des planètes montre que ce n'est pas le cas. Une méthode permettant de lever cet écueil consiste à modifier le modèle déférent-épicycle en déplaçant la Terre de sa position au centre T de la courbe épicycloïdale. La conséquence en est que, même si les boucles restent de même taille, elles paraissent différentes depuis la Terre. Dans les Figures 3.2 et 3.4, le point T représente la Terre, point duquel Mars est observé. L'exactitude de cette représentation peut être améliorée en déplaçant la position de T sans modifier la forme de la courbe $\mathcal{M}$. Nous pouvons y parvenir en ajoutant une troisième tige stationnaire – c'est-à-dire avec ω_3 égal à zéro. Ce compromis fonctionne, mais Ptolémée avait découvert qu'un arrangement remarquable pouvait être obtenu en introduisant l'*équant*, défini dans la Section 4.5. L'équant est un artifice permettant d'attribuer une vitesse de rotation non uniforme à l'une des tiges.

Un avatar de Mars

La courbe épicycloïdale $\mathcal{M}$ à deux cercles de la Figure 4.4 est un avatar simplifié du mouvement, plus complexe, de Mars. La Figure 4.3, à l'inverse, retrace un véritable épisode rétrograde de cette planète. La courbe $\mathcal{M}$ suit le modèle déférent-épicycle et respecte la préférence de Ptolémée pour des épicycles plus petits que leurs déférents. $\mathcal{M}$ est défini comme suit : un cercle déférent $\mathcal{D}$ de rayon r_2 tourne à vitesse constante ω_2 dans le sens horaire et transporte un épicycle de rayon r_1 tournant à vitesse constante ω_1 dans le sens horaire.

La Figure 4.4 a été tracée d'après des données astronomiques récentes, inconnues à l'époque de Ptolémée. Nous verrons cependant comment ce dernier aurait collecté suffisamment d'informations pour esquisser une approximation. Cette figure révèle le mouvement épicycloïdal $\mathcal{M}$ ainsi que le déférent $\mathcal{D}$ et quatre positions de l'épicycle – $\mathcal{E}_1$, $\mathcal{E}_2$, $\mathcal{E}_3$ et $\mathcal{E}_4$. L'avatar $\mathcal{M}$ de Mars utilise des paramètres dont les valeurs sont dérivées de celles actuellement connues, en moyenne, pour le mouvement de Mars et de la Terre. Le rayon r_1 s'élève à 1 UA[4], et le rayon r_2 vaut 1,52 UA, valeur préconisée pour la distance moyenne de Mars au Soleil. Les vitesses de

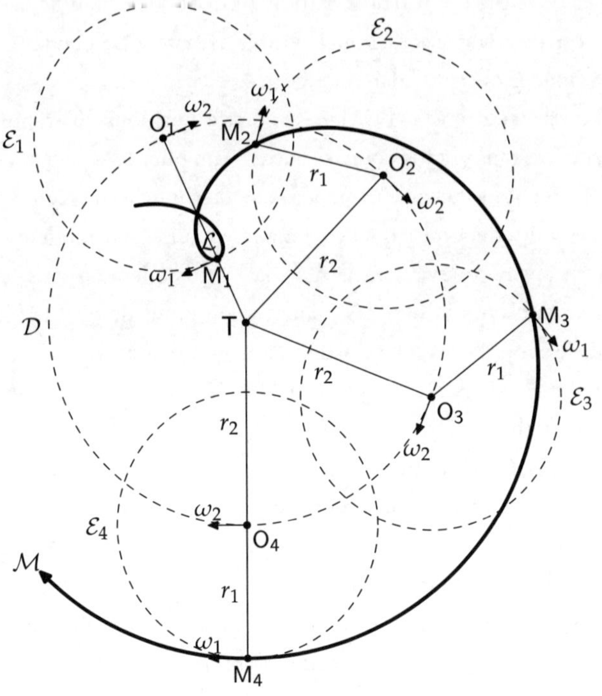

Figure 4.4 $\mathcal{M}$, un avatar de Mars utilisant le modèle déférent épicycle.

rotation sont : ω_1 = une révolution par an et $\omega_2 = 0,5316$ révolution par an, la vitesse de rotation moyenne actuellement observée de Mars autour du Soleil.

En résumé, voici la valeur des paramètres utilisés pour construire $\mathcal{M}$:

$$\omega_1 = 1, \qquad \omega_2 = 0,5316 \text{ rév./an} \tag{4.1}$$

$$r_2/r_1 = 1,52 \tag{4.2}$$

Défauts et mérites

Ce modèle n'explique pas une multitude de caractéristiques de l'observation réelle de Mars indiquée dans la Figure 4.3. Même si la Figure 4.4 exhibe une boucle rétrograde $\mathcal{L}$, on ne peut voir que son arête depuis le point T – en vérité, l'arête de la trajectoire $\mathcal{M}$ toute entière – parce que $\mathcal{M}$ est contenue dans le plan de l'écliptique. Ainsi, la vision de la boucle est unidimensionnelle. L'épisode rétrograde se réduit à une brève excursion vers l'ouest sur une trajectoire linéaire qui est généralement dirigée vers l'est le long de l'écliptique : c'est une simplification grossière de la véritable observation indiquée dans la Figure 4.3.

Le remède à l'incapacité de ce modèle à rendre compte du mouvement latitudinal consiste à restreindre la portée de la théorie déférent-épicycle à l'explication du seul mouvement longitudinal.

En décalant légèrement le point d'observation en dehors du plan de la courbe $\mathcal{M}$ dans la Figure 4.4, nous pouvons rendre cette boucle visible. Il resterait cependant ardu de reproduire de cette façon l'asymétrie observée dans la Figure 4.3.

Les véritables boucles rétrogrades de Mars se manifestent sous différentes tailles. Certaines sont au moins deux fois plus grandes que les autres – un phénomène perceptible à l'œil nu. À l'inverse, le modèle déférent-épicycle ne génère que des boucles de même taille.

Au regard de ces imperfections, quelles sont les qualités du modèle déférent-épicycle ? Même s'il ne décrit pas le mouvement latitudinal, il possède au moins le mérite de rendre compte du mouvement longitudinal des planètes. Du point de vue de l'héliocentrisme copernicien, ce modèle simplifie les calculs fiables d'un grand nombre de paramètres importants des orbites planétaires – tels que la longueur de l'année martienne et les distances relatives au Soleil de Mars et de la Terre.

Les astronomes de la Grèce antique avaient conscience des défauts du modèle déférent-épicycle, ils y incorporèrent par conséquent des modifications permettant une meilleure conformité avec les données. Hipparque et Ptolémée utilisèrent à cette fin l'épicycle *excentrique* (voir la Figure 3.9), et Ptolémée introduisit l'*équant* (discuté dans la Section 4.5).

Malgré ses défauts, il est opportun de développer plus en avant le modèle déférent-épicycle parce que l'ajustement de ce modèle aux données observationnelles illustre de façon élémentaire les techniques employées dans les modèles plus complexes. Dans les deux sections qui suivent, on introduit les méthodes observationnelles qui peuvent être utilisées pour adapter le modèle déférent-épicycle aux données planétaires. Elles sont validées par le fait qu'en les appliquant à l'avatar $\mathcal{M}$ de Mars, elles reproduisent les valeurs numériques citées ci-dessus de ω_1, ω_2 et du rapport r_2/r_1, qui ont été utilisées pour construire $\mathcal{M}$. Plus formellement, nous allons résoudre dans les deux sections suivantes ce problème :

Problème 4.1. Trouver des observations terrestres de $\mathcal{M}$ qui déterminent ω_1, ω_2 et le rapport r_2/r_1.

Détermination de ω_1 et ω_2

Le modèle déférent-épicycle prétend expliquer le mouvement rétrograde. Il est par conséquent naturel d'y rechercher des informations détaillées sur la récurrence de ce mouvement. Les astronomes de la Grèce antique utilisaient les observations des dates et des heures d'*opposition* du Soleil et de Mars[5]. Celles-ci correspondent aux points médians des épisodes rétrogrades de Mars, instants où les longitudes écliptiques du Soleil et de Mars diffèrent de 180°. La Figure 4.5 révèle deux oppositions successives de Mars selon le modèle déférent-épicycle. L'intervalle de temps entre deux de ces oppositions est appelé *période synodique*[6]. Ces événements ont été consignés sur plusieurs siècles dans l'Antiquité. Ptolémée, par exemple, utilisait à la fois ses propres observations et celles collectées auparavant. Bien avant Ptolémée,

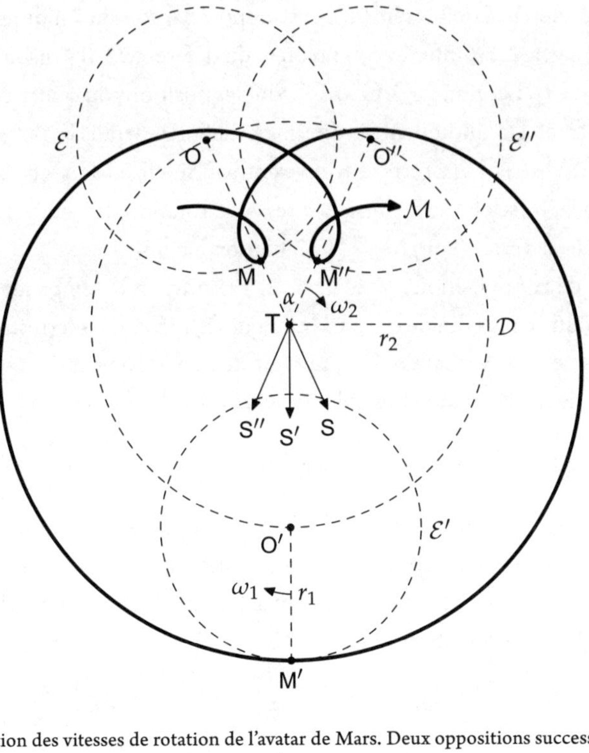

Figure 4.5 Détermination des vitesses de rotation de l'avatar de Mars. Deux oppositions successives montrent ici le déférent $\mathcal{D}$ et trois positions $\mathcal{E}$, $\mathcal{E}'$ et $\mathcal{E}''$ de l'épicycle.

les babyloniens savaient que le mouvement de Mars se renouvelle sur un cycle de quasiment 79 ans – c'est-à-dire que les oppositions de Mars se produisent quasiment à la même longitude tous les 79 ans. La période synodique de Mars est de 779,94 jours (= 2,135 ans). La précision sous-jacente à ces nombres n'est pas déraisonnable parce que les astronomes antiques tiraient parti d'observations menées sur plusieurs siècles pour en obtenir une valeur moyenne précise. La période synodique de Mars excède de 13,5 % une période de deux années. Cela se traduit par un accroissement de 48,6° de la longitude écliptique entre deux oppositions successives.

La Figure 4.5 révèle deux oppositions successives de Mars aux points M et M", avec la Terre située au point T. Les positions exactes du Soleil ne sont pas indiquées dans cette figure, mais en vertu des oppositions aux points M et M", celui-ci doit se trouver dans les directions MTS et M"TS" symbolisées par les flèches. Comme indiqué ci-dessus, α est égal à 48,6°. Il est plus commode d'exprimer α comme la fraction d'une révolution – c'est-à-dire que $\alpha = 48,6/360 = 0,135$.

Dans la Figure 4.5, le point M' représente le point de la *conjonction* de Mars, à mi-chemin entre les oppositions en M et M". La conjonction est le point où le Soleil et Mars possèdent la même longitude écliptique. L'observation d'une conjonction est entravée par la disparition de Mars derrière l'éclat solaire. La direction du Soleil est indiquée par la flèche TS'.

La flèche TS, incarnant la direction du Soleil, tourne à vitesse angulaire constante autour de la Terre (T) à raison d'une révolution par an. Par conséquent, en partant de TS la flèche effectue 2,135 révolutions dans le sens horaire avant d'atteindre TS".

En vertu de la préférence de Ptolémée, nous supposons, comme l'indique la Figure 4.5, que le rayon r_1 de l'épicycle $\mathcal{E}$ est inférieur au rayon r_2 du déférent $\mathcal{D}$. Il s'ensuit que la longueur de TM est égale à[7] $r_2 - r_1$. Les points O, O' et O" sont les positions du centre du cercle déférent et les flèches TS, TS' et TS" indiquent les *directions* du Soleil depuis la Terre, à divers instants[8]. Aux oppositions TM et TM", la Terre se trouve entre le Soleil et Mars, et à la conjonction TM', le Soleil est entre la Terre et Mars. Ainsi, la vitesse de rotation de l'épicycle $\mathcal{E}$ est égale à celle du Soleil autour de la Terre – soit, $\omega_1 = 1$ révolution par an.

La durée entre deux oppositions, $2 + \alpha = 2,135$ ans, est le temps requis pour que Mars effectue une révolution plus l'angle α – autrement dit, 2,135 années terrestres correspondent à 1,135 années martiennes. Sachant que l'intervalle de M à M" ne contient qu'une seule boucle rétrograde – une demie au début et une demie à la fin – cela confirme la relation générale :

Nombre de boucles rétrogrades + nombre d'années martiennes = nombre d'années terrestres.

Cette relation est un cas particulier d'une formule plus générale. Supposez que les boucles rétrogrades soient observées depuis la surface d'une planète en direction d'une seconde planète plus éloignée du Soleil – depuis une planète *intérieure* vers une planète *extérieure*[9] – alors nous obtenons cette équation :

Nombre de boucles rétrogrades + nombre d'années sur la planète extérieure =

nombre d'années sur la planète intérieure. (4.3)

Ainsi, d'après les calculs ci-dessus, une année martienne est égale à

$$\frac{2,135}{1,135} = 1,881$$

années terrestres et, par conséquent, $\omega_2 = 1/1,881 = 0,5316$ révolutions par an.

En résumé, nous avons résolu la moitié du Problème 4.1 par la vérification des vitesses de rotation (4.1) du déférent et de l'épicycle, relatives à Mars.

Même si le modèle déférent-épicycle est très approximatif sur certains points, nous constatons ici qu'en dépit de l'handicap de son géocentrisme, il est capable de déterminer les vitesses de rotation de Mars et des autres planètes avec une grande précision. L'étape suivante du Problème 4.1 consiste à déterminer les rayons r_1 et r_2. En réalité, les observations à l'œil nu disponibles aux astronomes de l'Antiquité n'étaient pas suffisantes pour déterminer ces distances. La raison profonde est que les distances terrestres sont si petites par rapport aux distances astronomiques que la parallaxe est trop faible pour pouvoir être observée. Néanmoins, les observations à l'œil nu combinées au modèle déférent-épicycle suffisent pour déterminer le *rapport* r_2/r_1.

Détermination du rapport r_2/r_1

La Figure 4.6 est une variante modifiée de la Figure 4.4, elle illustre la méthode permettant de trouver le rapport r_2/r_1. Cette procédure tire parti du fait que ω_1 et ω_2 sont connus.

Les observations nocturnes de Mars permettent de mesurer la longitude de cette planète dans son trajet le long de l'écliptique, mais elles ne peuvent confirmer que Mars suit la trajectoire particulière $\mathcal{M}$.

Dans la Figure 4.6, M représente un point où Mars est en opposition : Mars (M), la Terre (T) et le centre O du cercle déférent sont alignés. Par conséquent, l'angle $\widehat{\mathsf{TOM}}$ fait 0°. À mesure que le temps s'écoule, cet angle croît parce que la vitesse de rotation de M autour de O (soit $\omega_2 = 1$) est supérieure à celle de O autour de T ($\omega_1 = 0,5316$). En fait, la vitesse d'accroissement angulaire de $\widehat{\mathsf{TOM}}$ est égale à $\omega_2 - \omega_1 = 1 - 0,5316 = 0,4684$. Il est possible de trouver un instant où l'angle $\widehat{\mathsf{TO'M'}}$ est égal à 90°, un quart de révolution complète :

$$\frac{0,25}{\omega_2 - \omega_1} = \frac{0,25}{0,4684} = 0,5337 \text{ années terrestres.}$$

Rapporté en années martiennes, cela équivaut à

$$0,5337\omega_1 = 0,5337 \times 0,5316 = 0,2837$$

Le point O achève de parcourir le cercle déférent $\mathcal{D}$ en exactement une année martienne. Donc, on trouve la valeur de l'angle $\widehat{\mathsf{OTO'}}$ en convertissant en degrés le temps nécessaire pour aller de O à O' – dont on a montré ci-dessus qu'il s'élève à 0,2837 années martiennes – c'est-à-dire : $0,2837 \times 360 = 102,1°$.

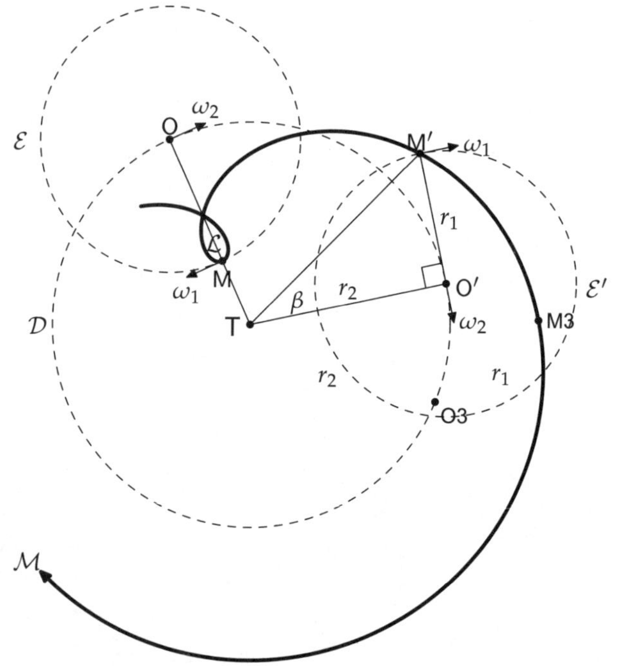

Figure 4.6 Détermination du rapport r_2/r_1 pour l'avatar de Mars.

Nous sommes dorénavant prêts pour exposer la procédure de détermination du rapport r_2/r_1 :

1. Observer la longitude α_1 de Mars en opposition.
2. Observer la longitude α_2 de Mars 0,5337 années plus tard (= 194,9 jours).
3. Il n'est pas possible d'observer la longitude de O' parce que ce point représente une construction théorique, et non un corps céleste. Néanmoins, d'après les valeurs connues de ω_1 et ω_2, le calcul ci-dessus montre que cette longitude s'est accrue de 102,1° par rapport à sa valeur initiale lors de l'opposition.
4. Trouver l'angle β de la Figure 4.6 en défalquant l'accroissement en longitude de Mars (soit $\alpha_2 - \alpha_1$) de l'accroissement en longitude de O' obtenue à l'étape 3.
5. Enfin, le rapport cherché r_2/r_1 est le rapport des deux côtés adjacents à l'angle droit dans le triangle rectangle TO'M' : c'est la *cotangente* de l'angle β.

Par exemple, si on observe que β vaut 33,27°, comme dans la Figure 4.6, alors le rapport r_2/r_1 est égal à $\cot 33,27^\circ = 1,524$. Cela résout la dernière partie du Problème 4.1, consistant à vérifier (4.2) en utilisant les méthodes d'observation de l'astronomie antique[10].

Grâce aux véritables mesures du mouvement de Mars, nous pouvons obtenir des valeurs fiables pour les vitesses de rotation. Cependant, les valeurs de r_2/r_1 sont sujettes à des erreurs plus importantes du fait que la taille des boucles rétrogrades varie considérablement, en fonction de la longitude écliptique à laquelle elles sont observées. Un bon accord avec les mesures modernes de la distance moyenne de Mars au Soleil ne peut être obtenu qu'en moyennant sur un cycle complet de 79 oppositions de Mars.

Ptolémée avait fait des estimations de ω_1, ω_2 et du rapport r_2/r_1, mais à cause de son point de vue géocentrique, il ne les interprétait pas de la même façon que nous. Malgré tout, nous pouvons dire que les astronomes de l'Antiquité détenaient des estimations raisonnables des vitesses de rotation des planètes et de leurs distances au Soleil – même s'ils n'en avaient pas apprécié toute la véritable teneur.

Les autres planètes

La technique ci-dessus de modélisation du mouvement de Mars fut également utilisée pour étudier celui des autres planètes visibles. Le Tableau 4.1 indique les valeurs actuelles du rayon orbital moyen, mesuré en unités astronomiques (UA), et de la période orbitale, mesurée en années sidérales, des planètes visibles. Ptolémée avait calculé des approximations de ces valeurs par les méthodes précédentes, mais il ne comprit pas que ces nombres représentent des rayons et des périodes orbitales.

L'option de Ptolémée, stipulant que les déférents soient toujours plus grands que les épicycles, engendre des clivages inutilement compliqués entre les planètes inférieures et supérieures. Pour celui-ci, la première colonne du Tableau 4.1 révèle des rapports entre les rayons des déférents et des épicycles, et la deuxième colonne contient les vitesses de rotation des déférents (pour les planètes supérieures Mars, Jupiter et Saturne) ou des épicycles (pour les planètes inférieures Mercure et Vénus). Les épicycles des planètes supérieures, les déférents des planètes inférieures et le Soleil possèdent tous la même vitesse de rotation : une révolution par an.

Triangulation de la position du Soleil

La Terre est un astre similaire à Mars et aux autres planètes, et cette idée imprègne désormais non seulement la science moderne, mais également l'art, la littérature et d'autres pans de la culture contemporaine. Nous aspirons à fouler du pied une autre planète, et cela pourrait

Tableau 4.1 Données actuelles concernant la Terre et les planètes visibles.

Planète	*Rayon orbital moyen en UA*	*Période orbitale en années sidérales*
Mercure	0,3871	0,2408
Vénus	0,7233	0,6152
Terre	1,0000	1,0000
Mars	1,5237	1,8808
Jupiter	5,2034	11,8626
Saturne	9,5371	29,4475

bientôt devenir réalité. En revanche, notre fascination actuelle pour les voyages dans l'espace est relativement récente – à l'instar du roman *De la Terre à la Lune* (1865) de Jules Verne. Nombreux sont les récits d'épopées fantastiques relatés dans l'Antiquité, mais aucun n'a trait au voyage planétaire. L'idée que la Terre est une planète est due à Copernic et était étrangère à Ptolémée et aux autres astronomes antiques. L'argument qui suit aurait pu constituer une étape déterminante dans le développement de la théorie héliocentrique de Copernic, mais il est improbable que ce dernier l'ait utilisé.

La conception selon laquelle la Terre et Mars sont deux planètes peut mener à un argument qui localise la position du Soleil – par le truchement d'une sorte de coopération entre Terriens et Martiens. Cet argument n'est utile que parce que nous adoptons la préférence de Ptolémée – le rayon du déférent doit être plus grand que celui de l'épicycle. La Figure 4.7 révèle la Terre T, le cercle déférent $\mathcal{D}$ et une position de l'épicycle $\mathcal{E}$ qui localise Mars en M. Comme mentionné ci-dessus, le rayon OM de l'épicycle pointe dans la direction du Soleil, si nous regardons dans la même direction depuis la Terre. Autrement dit, vu depuis la Terre, le Soleil se trouve dans la direction TS parallèle à OM.

Considérez maintenant cette situation du point de vue des Martiens. Ils observent également que le Soleil achève son voyage autour de l'écliptique en une année martienne. Comme ci-dessus, le centre O de l'épicycle tourne le long du déférent $\mathcal{D}$ en une année martienne, soit 1,881 années terrestres. Le rayon OT détermine la direction du Soleil depuis Mars, en d'autres termes, les Martiens voient le Soleil en regardant dans la direction parallèle MS.

Ces deux directions, depuis la Terre et depuis Mars, se coupent en S, ce qui revient à dire que S est la position du Soleil – déterminée par triangulation, l'intersection entre deux directions.

Le Soleil effectue un circuit dans le sens horaire, en une année, le long du cercle $\mathcal{E}'$. Comme

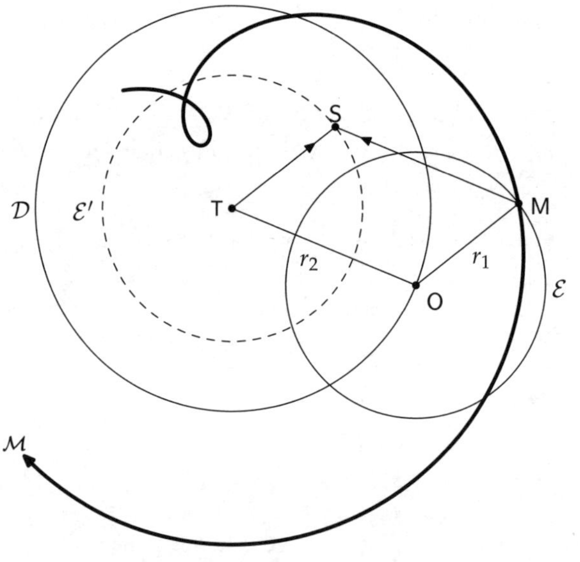

Figure 4.7 Trouver le Soleil.

l'indique la Figure 3.4, l'échange entre l'épicycle et le déférent – le positionnement du Soleil S au centre de l'épicycle – redonne la même trajectoire $\mathcal{M}$ pour Mars.

Ptolémée et Copernic

La vision géocentrique déficiente offusquait l'esprit des astronomes de l'Antiquité. Le schéma de pensée présenté ci-dessus était à la portée de Ptolémée, mais lui et ses contemporains ne soupçonnèrent nullement que la Terre puisse être tout simplement une planète comme les autres. Des siècles après Ptolémée, Copernic élabora un système solaire héliocentrique et formula des approximations raisonnables des vitesses et des distances au Soleil de toutes les planètes visibles.

Ptolémée précisa, de manière incorrecte, un intervalle de distances entre la Terre et les diverses planètes – probablement fondé sur l'hypothèse stérile d'Aristote postulant l'existence d'une succession de sphères cristallines centrées sur la Terre, de sorte que l'espacement entre deux sphères consécutives pouvait « héberger » une planète particulière. En ce sens, on supposait qu'il n'existait pas d'espace entre les planètes.

Interprétation héliocentrique

Les méthodes géocentriques données ci-dessus pour déterminer les valeurs numériques de ω_1, ω_2 et du rapport r_2/r_1 présentent des interprétations héliocentriques élémentaires, illustrées pour le cas de la planète Mars dans la Figure 4.8. Les vitesses de rotation ω_1 et ω_2 sont les vitesses orbitales de la Terre et de Mars, et le rapport r_2/r_1 est le rapport des distances moyennes au Soleil de Mars et de la Terre – c'est-à-dire, la distance moyenne entre Mars et le Soleil exprimée en UA.

La Figure 4.8a montre Mars dans les oppositions successives en MT et M"T" avec une

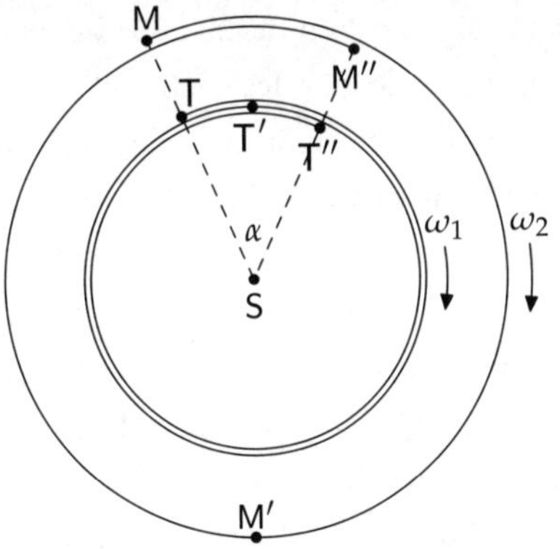

(a) Calcul de ω_1 et ω_2.

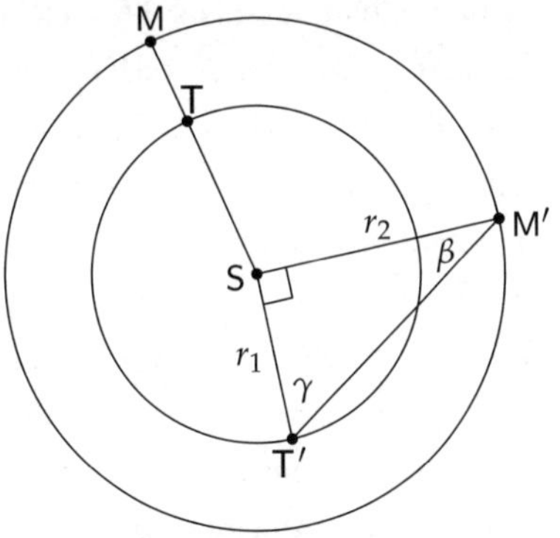

(b) Calcul de r_2/r_1.

Figure 4.8 Versions héliocentriques des Figures 4.5 et 4.6.

conjonction intercalaire en M'T'. L'angle α de la Figure 4.8a est le même que celui de la Figure 4.5. Les vitesses de rotation ω_1 et ω_2 sont calculées comme précédemment.

La Figure 4.8b montre la Terre un quart d'orbite plus loin que Mars. L'angle β est le même que celui de la Figure 4.6, et $\gamma = 90° - \beta$. La Figure 4.8b souligne le fait que γ est l'angle observé, depuis la Terre, entre Mars et le Soleil. Le rapport cherché est $r_2/r_1 = \tan \gamma$.

La comparaison entre la Figure 4.8 et les Figures 4.5 et 4.6 illustre à nouveau le fait que l'héliocentrisme lève les difficultés imposées par le géocentrisme.

4.4. ÉLÉMENTS DE NUMÉROLOGIE

Mars

Un fait astronomique, connu même des Babyloniens des siècles avant Ptolémée, établit que les périodes où Mars est le plus proche de la Terre, et les boucles rétrogrades qui les accompagnent, reviennent selon un cycle quasi régulier de 79 ans.

Il en est ainsi car l'année martienne est égale à 1,88085 années terrestres, un nombre proche de $79/42 (\approx 1,88095)$. Le nombre de boucles est égal au numérateur de cette fraction moins son dénominateur[11] $(79 - 42 = 37)$.

Vénus

La périodicité des points où Vénus est le plus proche de la Terre est encore plus saisissante. Le rayon – ou plus exactement, le demi grand axe – de l'orbite elliptique, quasi circulaire, de Vénus s'élève à 0,72333 UA, et la période de rotation à 0,61529 années. Une bonne approximation de ce dernier nombre est donnée par $8/13 (\approx 0,61538)$. Cette valeur approchée implique que Vénus réalise quasiment treize révolutions autour du Soleil tous les huit ans, durée pendant laquelle il y a $13 - 8 = 5$ boucles rétrogrades. La Figure 4.9b révèle la courbe épicycloïdale de Vénus sur une période de huit ans.

Je trouve les tracés des Figures 4.9a et b très séduisants, et ils peuvent même être le reflet des genres masculin et féminin, mais il n'y a là aucune signification occulte – simplement le fait que, par chance, certains nombres décimaux sont approchés par des fractions[12].

Au moment où j'écris ces lignes, il se trouve que nous traversons un cycle inhabituel : nous sommes dans la période entre deux transits de Vénus, survenant le 8 juin 2004 et le 6 juin 2012, le prochain n'étant programmé que pour le 13 décembre 2117 ! Un transit se produit lorsque Vénus passe devant le Soleil, et durant ce phénomène, cette planète se trouve exactement entre la Terre et le Soleil. Dans la plupart des cycles de huit ans, Vénus passe à proximité du Soleil, c'est une conjonction inférieure (voir la Figure 4.2) mais pas un transit. Si les vénusiens observaient la Terre à cet instant, au cours d'une improbable journée dégagée sur cette planète, ils pourraient faire remarquer que la Terre est en opposition et observer que celle-ci effectue une boucle rétrograde. Nous pourrions entrevoir que Vénus en fait de même si l'éblouissement du Soleil ne nous en empêchait pas.

(a)

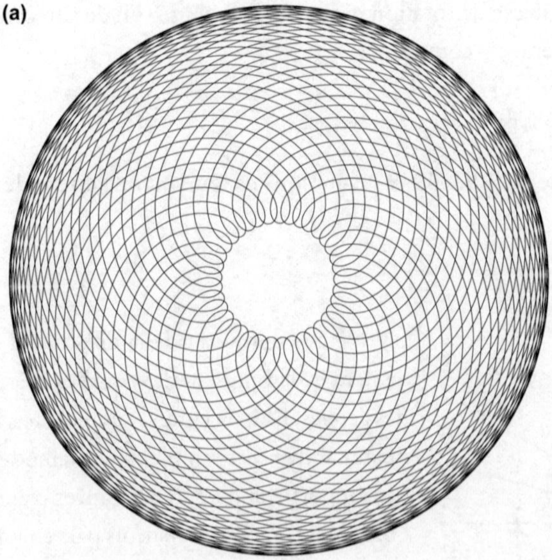

Figure 4.9a Le Bouclier de Mars. La courbe épicycloïdale martienne de la Figure 3.2 est étendue à 79 années terrestres (environ 42 années martiennes) et révèle 37 boucles rétrogrades.

Le roman de 2003 de Dan Brown *Da Vinci Code* fait allusion au cycle de huit ans de Vénus. Ce cycle dure approximativement treize années vénusiennes, en vertu de l'équation (4.3) :

Nombre de boucles rétrogrades + nombre d'années terrestres = nombres d'années vénusiennes.

(b)

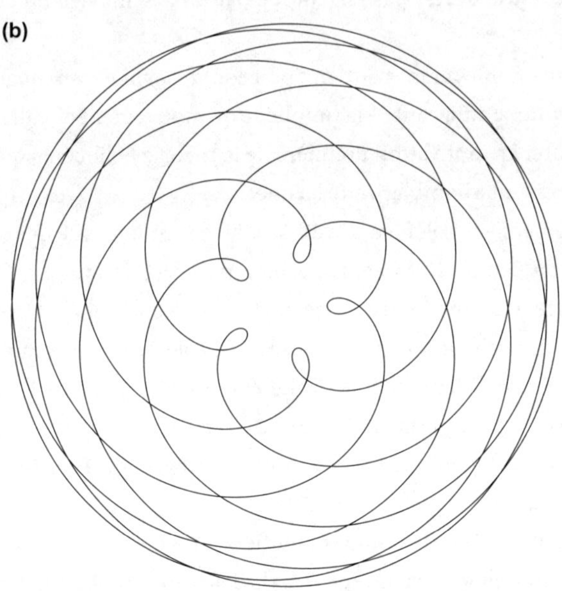

Figure 4.9b La Rosace de Vénus. La courbe épicycloïdale vénusienne exhibe le cycle d'approximativement huit années (treize orbites de Vénus) accompagné de cinq boucles rétrogrades.

Nous obtenons la vitesse de rotation moyenne de Vénus – ou de son cercle déférent, comme l'aurait affirmé Ptolémée – comme suit :

$\frac{13}{8} = 1,625$ révolutions par année terrestre.

Le véritable chiffre est 1,6254949 révolutions par an, soit une erreur de 0,03 %.

4.5. L'ÉQUANT

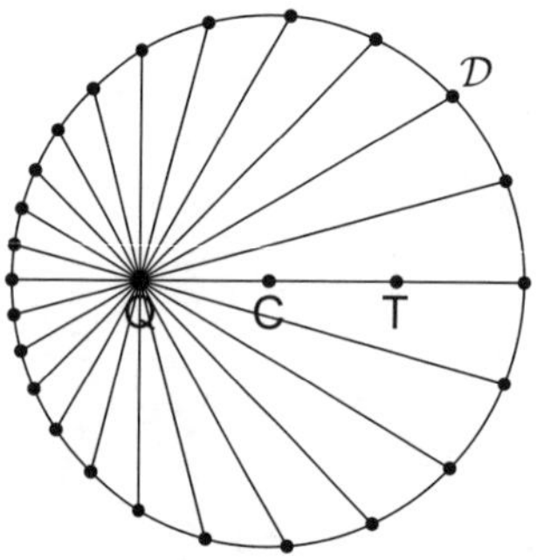

Figure 4.10 Le point équant Q.

Ptolémée éprouvait de la difficulté à représenter le mouvement de la Lune par des courbes épicycloïdales basées sur des cercles. Dans la famille des planètes, Mars est anticonformiste car il s'écarte amplement du modèle déférent-épicycle par rapport à la plupart des autres planètes. Ptolémée avait observé qu'on pouvait parfois parvenir à un meilleur accord si le cercle déférent n'était pas parcouru à vitesse constante. Il modifia le mouvement épicycloïdal, comme indiqué dans la Figure 4.10, en posant que ce mouvement le long du cercle déférent $\mathcal{D}$ se fasse à vitesse constante par rapport à un point Q distinct du centre C du cercle, point qu'il baptisa l'*équant*. Le schéma de Ptolémée imposait que la Terre soit située sur le même diamètre que Q et vérifie la condition $\overline{QC} = \overline{CT}$.

La courbe qui en résulte ne se conforme plus à notre définition précédente des courbes épicycloïdales parce qu'elle n'est pas engendrée par un assemblage où chaque tige tourne à vitesse constante.

Copernic et les astronomes arabes qui l'ont précédé voyaient dans l'équant une complication déplaisante – une entorse affligeante à la simplicité du mouvement circulaire uniforme imposé par Platon et Aristote. La motivation première de la théorie héliocentrique copernicienne du Système solaire consistait à combler cette lacune.

Nous pouvons remercier Ptolémée d'avoir suscité ce stimulus à Copernic, qui avait raison de placer le Soleil au centre du Système solaire, mais tort de croire qu'il faisait mieux que l'équant de Ptolémée. Comme le découvrit finalement Kepler, il était préférable d'abandonner le mouvement circulaire uniforme. L'équant de Ptolémée constituait une approximation remarquablement bonne de la véritable orbite elliptique. L'usage de l'équant rendait mieux compte de la vitesse orbitale non uniforme de Mars et des tailles inégales des différentes boucles rétrogrades. La Figure 4.11 est la courbe épicycloïdale de Mars utilisant l'équant prescrit par Ptolémée.

Le rejet de l'équant par les astronomes antérieurs à Kepler soulève un enseignement intéressant de la méthodologie scientifique. La science utilise souvent des concepts d'une simplicité ravissante, à l'instar du mouvement circulaire uniforme, pour expliquer la nature. Or cette dernière semble toujours être légèrement plus complexe que ce que préféreraient les

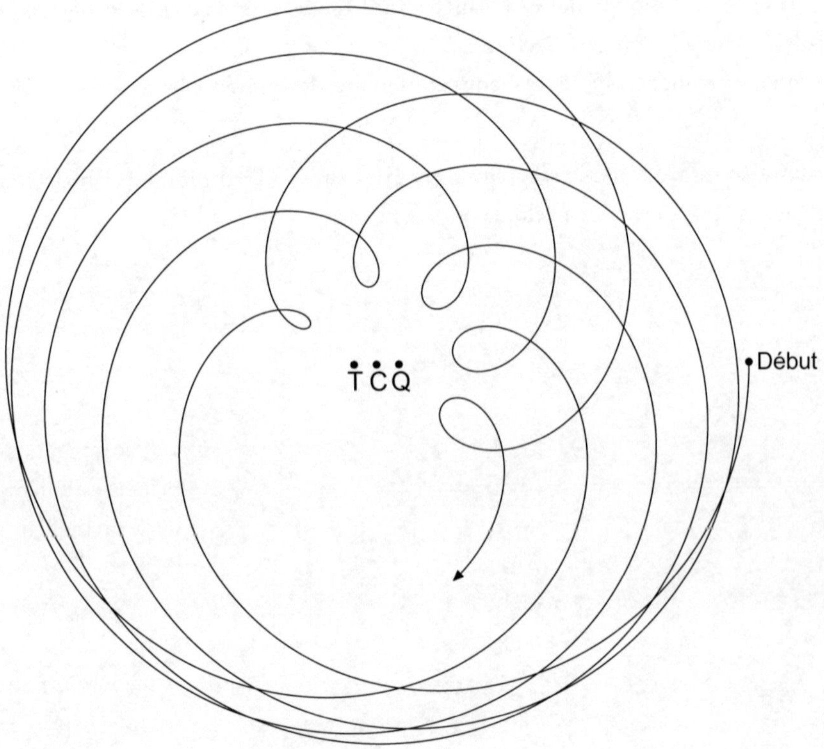

Figure 4.11 Courbe épicycloïdale de Mars utilisant l'équant de Ptolémée. Remarquez les tailles inégales des boucles rétrogrades.

Données de Ptolémée pour la courbe épicycloïdale de Mars (ci-dessus).

Rayon du déférent	60,0	
Rayon de l'épicycle	39,5	
Excentricité	6,0	Distance du centre C au point équant Q ou distance du centre C à la Terre T
Vitesse du déférent	0,52407116° par jour	par rapport au point équant Q
Vitesse de l'épicycle	0,46157618° par jour	par rapport au centre du cercle mobile

philosophes et les mathématiciens.

Le modèle déférent-épicycle du mouvement planétaire est inexact et nécessite quelques aménagements. Jusqu'à Kepler, trois truchements furent proposés : l'excentrique, l'équant et la prescription d'épicycles supplémentaires. Un pirate informatique les appellerait sans doute des *rustines* – des contournements maladroits, suffisamment bons néanmoins jusqu'à ce que Kepler découvre la solution élégante.

Les perfectionnements du modèle déférent-épicycle améliorent sa conformité avec les observations astronomiques. Cependant, les réponses aux deux questions qui suivent durent attendre la révolution héliocentrique copernicienne pour trouver des réponses.

1. Pourquoi les arcs rétrogrades des planètes supérieures sont-ils centrés sur les oppositions solaires, comme le définit la Section 3.2 ?
2. Pourquoi les planètes inférieurs, Vénus et Mercure, demeurent-elles à proximité du Soleil ?

Le chapitre suivant discute des applications extérieures à l'astronomie, et majoritairement ornementales, des courbes épicycloïdales.

5

ORNEMENTS, ET CETERA...

« Il forma de la sorte un ciel circulaire et qui se meut en cercle ... »

Platon, *Timée*

Ce chapitre traite de l'application et de l'étude des *courbes épicycloïdales*, indépendamment de l'astronomie. Nous considérons ici comment l'usage antique de ces courbes présageait des applications curieuses qui allaient suivre – des jeux éducatifs, des procédés destinés à empêcher la contrefaçon du papier-monnaie, et des défis stimulants pour les mathématiciens du XVIIe siècle.

- Le *Spirographe*, un jeu éducatif de Milton Bradley/Hasbro qui était populaire dans les années 1970, est un instrument permettant à son utilisateur, jeune ou moins jeune, de dessiner et reproduire des courbes complexes. Inventé par Denys Fisher, un ingénieur britannique, le Spirographe utilise des roues dentées imbriquées tournant l'une sur l'autre afin de tracer des courbes épicycloïdales.
- Le papier-monnaie, les actions, les obligations et les bons de transactions financières contiennent généralement des motifs complexes, appelés *guillochis*, pour prévenir de toute contrefaçon. Ces motifs sont constitués de courbes épicycloïdales qui s'entrelacent. La technique du guillochis fut introduite par l'orfèvre et joaillier russe Peter Carl Fabergé (1846–1920) qui l'employa pour décorer des bijoux en forme d'œuf de Pâques. Il utilisa un dispositif complexe nommé *tour à guillocher* pour graver des ornements sur les objets métalliques. Aujourd'hui, ces machines se font rares, et les guillochis sont produits à l'aide d'ordinateurs. Nous verrons plus loin dans ce chapitre d'autres exemples de courbes épicycloïdales utilisées comme motifs ornementaux.
- L'utilisation de courbes épicycloïdales par les mathématiciens du XVIIe siècle démontra toute la puissance d'un outil mathématique nouvellement découvert : le calcul infinitésimal de Newton et Leibniz. Nous en présentons quelques-unes parmi leurs favorites : la cycloïde, l'astroïde et la cardioïde.

La section suivante contient des concepts élémentaires, fondamentaux pour les chapitres ultérieurs.

5.1. LES COURBES ÉPICYCLOÏDALES EN TANT QUE MOTIFS ORNEMENTAUX

La plupart des motifs compliqués puisent leur source dans la riche diversité des courbes épicycloïdales. Cette section explore systématiquement leur usage ornemental. Le Spirographe permet de dessiner de nombreuses courbes épicycloïdales, mais le langage de programmation graphique Metapost, utilisé pour tous les diagrammes mathématiques contenus dans ce livre, est un outil plus sophistiqué capable de tracer ces courbes et bien d'autres choses.

Le lecteur trouvera des exemples de motifs décoratifs du même acabit à portée de main : les billets de banque exhibent des *guillochis*, à l'image de la courbe épicycloïdale de la Figure 5.1. Nous verrons comment ces courbes peuvent être construites grâce à une symétrie et une complexité suffisantes pour être utilisées comme guillochis. Le principal outil nécessaire pour cette analyse est une méthode de classification des courbes épicycloïdales. Généralement, les guillochis n'en sont pas à strictement parler, même s'ils s'en rapprochent beaucoup, car ils peuvent être utilisés pour encadrer une zone non circulaire telle qu'un rectangle.

Classification des courbes épicycloïdales

Puisque les courbes épicycloïdales à trois cercles – à l'instar du guillochis indiqué dans la Figure 5.1 – sont suffisamment complexes pour la plupart des besoins ornementaux, nous commençons avec la classification de ces courbes. D'après la Figure 5.2, une courbe épicycloïdale engendrée par un assemblage OPQR de trois tiges attachées en O est déterminée par les paramètres suivants.

1. Les longueurs des trois tiges OP, PQ et QR sont respectivement notées r_1, r_2 et r_3. Il est inutile de préciser une unité de longueur si l'échelle de la figure importe peu car seule la proportion $r_1 : r_2 : r_3$ affecte la forme globale de la courbe.
2. Les trois vitesses de rotation sont respectivement notées ω_1, ω_2 et ω_3. Le choix des unités (révolutions par an, degrés par seconde) ne détermine que le temps nécessaire pour parcourir la courbe et n'a aucun effet sur sa forme. Il est inutile de préciser une unité de temps si la durée requise pour dérouler la courbe importe peu, comme dans un motif ornemental. Seule la proportion $\omega_1 : \omega_2 : \omega_3$ affecte la forme globale de la courbe.
3. Les trois angles de départ des tiges sont respectivement notés θ_1, θ_2 et θ_3. Ils sont mesurés en degrés. Avec deux tiges seulement, les angles initiaux n'affectent pas la forme globale de la courbe comme c'est le cas, en général, avec trois tiges ou plus.

Par conséquent, le motif engendré par un assemblage de trois tiges est déterminé par neuf nombres

$$(r_1, \omega_1, \theta_1;\ r_2, \omega_2, \theta_2;\ r_3, \omega_3, \theta_3)$$

que j'appellerai la *signature* du motif. Une signature définit une unique courbe épicycloïdale ; néanmoins, comme mentionné aux points 1 et 2 ci-dessus, il est possible que l'une d'entre elles

Figure 5.1 Une courbe épicycloïdale utilisée comme guillochis.

soit décrite par plusieurs signatures.

La signature d'un assemblage à deux tiges est constituée de six nombres seulement, car r_3, ω_3 et θ_3 ne sont plus nécessaires. Par exemple, une signature de la courbe épicycloïdale de la Figure 3.1 serait

$$(1,52366, -0,53175, 90; 1, -1, -90).$$

Les signes moins indiquent une rotation dans le sens horaire. Bien que la forme d'une courbe demeure inchangée qu'elle soit tracée dans le sens horaire ou antihoraire, la courbe épicycloïdale de la Figure 3.1 est dessinée dans le sens horaire pour se conformer à la convention cartographique stipulant que la direction Ouest-Est va de la gauche vers la droite – en accord avec le mouvement usuel (non rétrograde) des planètes par rapport aux étoiles fixes.

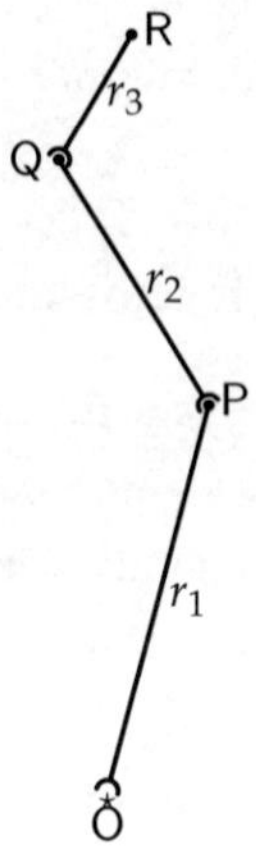

Figure 5.2 Assemblage à trois tiges.

Dans les exemples qui suivent, nous posons $\theta_1 = 0$ et $\theta_2 = 0$. Ces conditions peuvent être respectées en changeant, si nécessaire, l'échelle de temps et/ou en faisant tourner la figure autour de son centre.

Le Tableau 5.1 donne la signature de certaines des courbes épicycloïdales présentes dans ces pages. Remarquez que les éléments (a), (b) et (g) représentent exactement la même forme. En fait, les éléments (a) et (b) sont identiques parce que la seule différence réside dans

Tableau 5.1 Signatures de courbes épicycloïdales.

(a)	Figure 3.2	Courbe épicycloïdale martienne	(1,52366, -0,53175, 90 ; 1, -1, -90)
(b)	Figure 3.4	Courbe épicycloïdale martienne	(1, -1, -90 ; 1,52366, -0,53175, 90)
(c)	Figure 5.1	Guillochis	(1, 10, 0 ; 0,094, 47, 0 ; 0,407, -64, 0)
(d)	Figure 5.6b	Épicycloïde	(5, 1, 0 ; 2, 5/2, 0)
(e)	Figure 5.7a	Astroïde	(3, 1, 0 ; 1,-3,0)
(f)	Figure 5.7b	Cardioïde	(2, 1, 0 ; 1, 2, 0)
(g)	Figure 4.9a	« Bouclier » martien	(1, 1, 0 ; 1,52366, 0,53175, 0)
(h)	Figure 4.9b	« Rosace » vénusienne	(1, 1, 0 ; 0,72333, 1,62549, 0)

l'ordre des deux tiges engendrant la courbe épicycloïdale, et que celle-ci demeure inchangée en permutant cet ordre, comme indiqué à la Section 3.1. De surcroît, la signature (g) (le « bouclier » martien) diffère de (b) à deux égards, mais aucun d'eux n'affecte la forme de la courbe épicycloïdale : (1) les signes de ω_1 et ω_2 sont positifs au lieu de négatifs, et (2) les angles initiaux θ_1 et θ_2 sont tels qu'ils produisent tout au plus une rotation. La Figure 4.9a (le « bouclier » martien) possède une allure différente de celle des Figures 3.2 et 3.4 (la courbe épicycloïdale martienne) uniquement parce que la courbe dessinée est nettement plus prolongée pour la première que pour les dernières. La signature incarne le prolongement « infini » tout entier de la courbe épicycloïdale alors que les dessins n'en révèlent qu'une portion limitée – à moins que nous ayons affaire à une courbe fermée, comme nous le voyons dans la section suivante.

Courbes épicycloïdales fermées

Nous pouvons naturellement souhaiter qu'un motif décoratif soit une courbe fermée telle que celle de la Figure 5.6b (Tableau 5.1 (d)) – une condition vérifiée si chacune des tiges réalise un nombre entier de révolutions. Même s'il est difficile de le constater à l'œil nu, le guillochis de la Figure 5.1 (Tableau 5.1 (c)) représente une unique courbe épicycloïdale fermée.

Dans la Figure 5.6b, le premier rayon accomplit deux révolutions lorsque le second en effectue $2 \times 5/2 = 5$. Ainsi la signature $(5, 1, 0;\ 2, 5/2, 0)$ du Tableau 5.1 (d) pourrait être remplacée par $(5, 2, 0; 2, 5, 0)$. La Figure 5.6b – en vérité, toutes les courbes épicycloïdales fermées – possède une signature où les nombres ω_i *sont des entiers sans facteur commun*. Je qualifierai ce type de signature de *normal*. Dans la discussion qui suit sur les motifs ornementaux constitués de courbes épicycloïdales fermées, nous supposons que toutes les signatures sont normales.

Une signature normale est pratique parce qu'elle met en exergue le fait que la courbe épicycloïdale correspondante soit fermée. En outre, si la signature est normale, alors la courbe entière est engendrée lorsque le premier rayon effectue ω_1 révolutions autour du cercle déférent – tout mouvement supplémentaire autour de ce cercle repasse tout simplement sur la courbe déjà tracée.

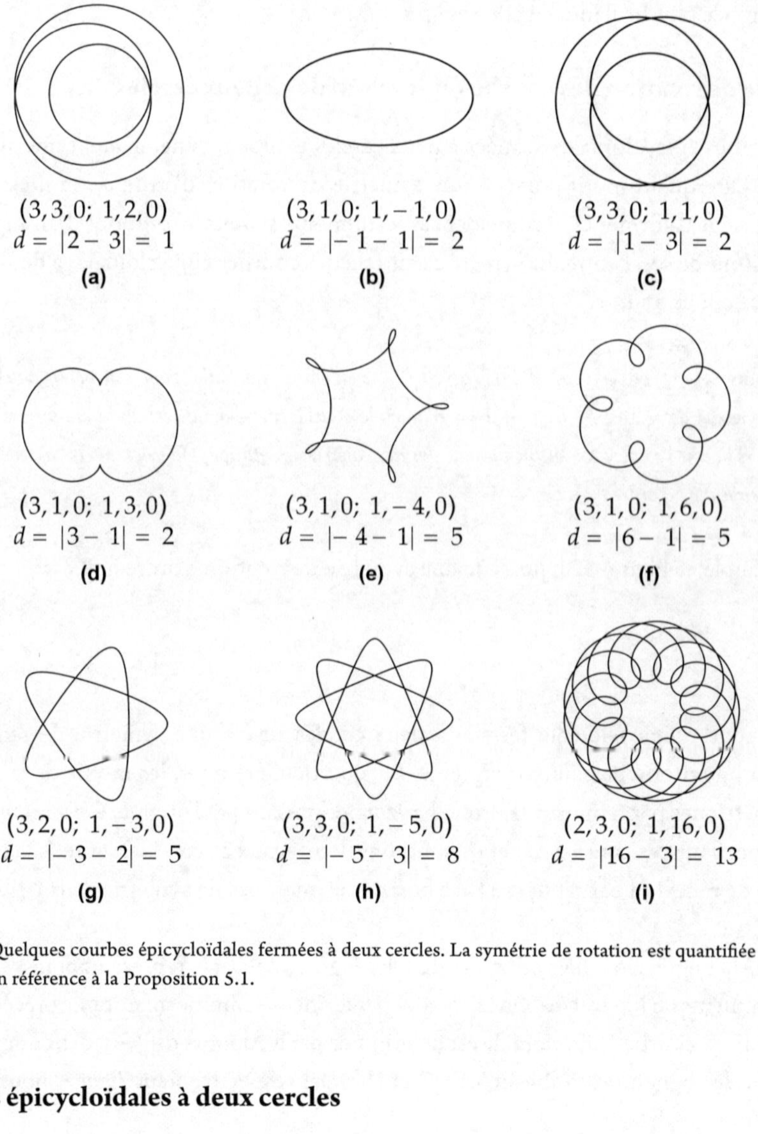

Figure 5.3 Quelques courbes épicycloïdales fermées à deux cercles. La symétrie de rotation est quantifiée par le nombre d, en référence à la Proposition 5.1.

Courbes épicycloïdales à deux cercles

La Figure 5.3 révèle quelques courbes épicycloïdales fermées à deux cercles ainsi que leurs signatures normales.

La forme (b) est une ellipse. Toute ellipse centrée sur l'origine peut être assimilée à une courbe épicycloïdale. Kepler découvrit que les orbites planétaires *sont* des ellipses, mais où le Soleil occupe un foyer, et non le centre. De surcroît, les planètes parcourent leurs orbites à une vitesse non constante que nous ne pouvons reproduire avec une courbe épicycloïdale à deux cercles telle que (b).

La forme (f), dotée de boucles intérieures, est similaire aux courbes épicycloïdales qu'invoquait Ptolémée pour expliquer le mouvement planétaire, mais pas le motif (e) avec des boucles extérieures. Ptolémée privilégiait les boucles intérieures parce qu'elles positionnent Mars, par exemple, plus près de la Terre pendant le mouvement rétrograde – expliquant ainsi son apparence plus brillante lors de ces épisodes.

Symétrie de rotation des courbes épicycloïdales à deux cercles

Les courbes épicycloïdales fermées à deux cercles exhibent généralement une symétrie de rotation. Dire qu'un motif possède une symétrie de rotation d'ordre d, où d est un entier positif, revient à affirmer qu'il coïncidera avec lui-même si nous le tournons d'un angle de $360/d$ degrés autour de son centre. La symétrie centrale des courbes épicycloïdales à deux cercles se caractérise comme suit :

Proposition 5.1. *Soit* $(r_1, \omega_1, \theta_1;\ r_2, \omega_2, \theta_2)$ *une signature normale d'une courbe épicycloïdale fermée à deux cercles, et* $d = |\omega_2 - \omega_1|$. *Si* $d = 0$, *alors la courbe épicycloïdale est un cercle, un cas dégénéré. Si* $d = 1$, *alors la courbe épicycloïdale ne possède pas de symétrie de rotation. Dans les autres cas, elle possède une symétrie de rotation d'ordre d.*

Par exemple, la Figure 5.3h possède une symétrie de rotation d'ordre huit car

$$|\omega_2 - \omega_1| = |-5 - 3| = 8.$$

Toute courbe épicycloïdale fermée à deux cercles révèle une symétrie de réflexion par rapport à une droite passant par l'origine. Plus particulièrement, les motifs de la Figure 5.3 sont symétriques par rapport à la droite *horizontale* passant par l'origine. C'est la conséquence du fait que, pour ces courbes, θ_1 et θ_2 sont tous deux égaux à zéro. La Figure 5.3a exhibe une symétrie de réflexion par rapport à l'axe horizontal, mais pas de symétrie de rotation puisque d est égal à 1.

Les courbes épicycloïdales indiquées dans les Figures 4.9a et b, représentant respectivement les mouvements de Mars et de Vénus, ne sont pas fermées. Comme mentionné précédemment, la forme d'une courbe épicycloïdale est déterminée par le rapport ω_1/ω_2. Si nous multiplions les ω dans les signatures (Tableau 5.1 (g) et (h)) par respectivement 79 et 8, nous obtenons les signatures

$$(1, 79, 0;\ 1,52366, 42,0083, 0) \text{ et } (1, 8, 0;\ 0,72333, 13,0033, 0)$$

pour Mars et Vénus. Ainsi, les courbes épicycloïdales *fermées* de signatures

$$(1, 79, 0;\ 1,52366, 42, 0) \text{ et } (1, 8, 0;\ 0,72333, 13, 0)$$

sont des bonnes approximations des courbes épicycloïdales de Mars et de Vénus. Ces courbes possèdent une symétrie de rotation d'ordre d, où $d = 79 - 42 = 37$ et $d = 13 - 8 = 5$, respectivement. Ceci confirme les remarques de la Section 4.4 au sujet de Mars et de Vénus.

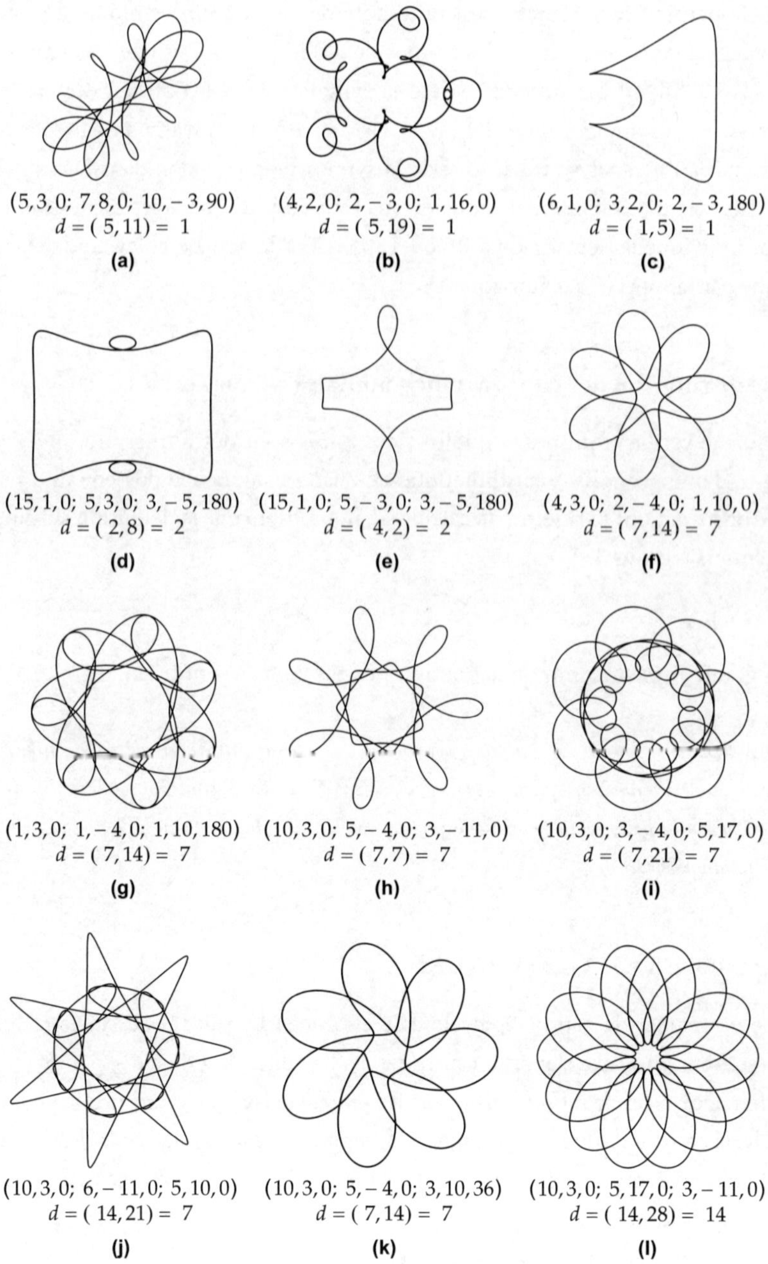

Figure 5.4 Quelques courbes épicycloïdales à trois cercles ; la symétrie de rotation est quantifiée par le nombre d, en référence à la Proposition 5.2.

Courbes épicycloïdales à trois cercles

La question relative à la symétrie des courbes épicycloïdales à trois cercles est plus compliquée. La Figure 5.4 révèle un assortiment de telles courbes ainsi que leurs signatures normales. Je pense que la symétrie est un critère de choix pour les motifs décoratifs, aussi l'ai-je privilégiée dans la sélection des formes de la Figure 5.4. Les courbes épicycloïdales à trois cercles n'exhibent pas nécessairement la symétrie de réflexion qui caractérise celles à deux cercles. Par exemple, les motifs (a) et (k) ne sont pas invariants par réflexion. Je ne procéderai pas à une analyse exhaustive de la symétrie de réflexion dans le cas des courbes épicycloïdales à trois cercles, mais nous dirons tout au plus que si les angles initiaux θ_1, θ_2 et θ_3 sont individuellement égaux à 0° ou 180°, alors la courbe épicycloïdale associée est symétrique par rapport à l'axe horizontal.

Symétrie de rotation des courbes épicycloïdales à trois cercles

Si une forme vérifie la propriété que ω_1, ω_2 et ω_3 sont des termes, non nécessairement consécutifs, d'une progression arithmétique de raison d, alors elle possède une symétrie de rotation d'ordre d. Pour permettre de calculer d, nous énonçons la définition suivante où i et j sont des entiers tels que $1 \leq i < j \leq 3$:

$$d_{ij} = |\omega_i - \omega_j|.$$

Le plus grand diviseur commun des entiers positifs m et n est noté (m, n).

Proposition 5.2. *Soit* $(r_1, \omega_1, \theta_1;\ r_2, \omega_2, \theta_2;\ r_3, \omega_3, \theta_3)$ *une* signature *normale d'une courbe épicycloïdale fermée* à trois cercles. *Supposons que* ω_1, ω_2, *et* ω_3 *soient des entiers distincts et posons* $d = (d_{12}, d_{23})$. *Si* $d = 1$, *alors la courbe épicycloïdale ne possède pas de symétrie de rotation. Dans les autres cas, elle exhibe une symétrie de rotation d'ordre d.*

5.2. COURBES CYCLOÏDALES

Un type particulier de courbe épicycloïdale est engendré suivant que le cercle générateur roule à l'intérieur ou à l'extérieur d'un autre cercle. La courbe est dessinée par un crayon fixé à la circonférence du cercle mobile. Si ce dernier se déplace le long d'une droite en lieu et place d'un cercle, la courbe résultante, indiquée à la Figure 5.5, est appelée *cycloïde*. Ce n'est pas un type particulier de courbe épicycloïdale, mais ensemble elles forment ce que nous appelons des courbes *cycloïdales*.

Nicolas de Cues (1401–1464) fut le premier à étudier la cycloïde. Elle fut également

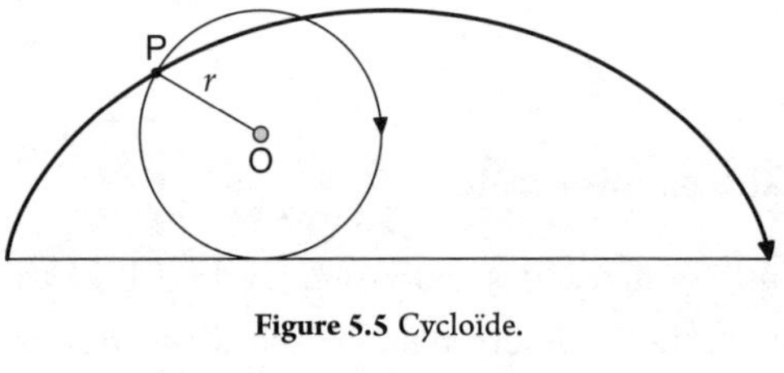

Figure 5.5 Cycloïde.

Tableau 5.2 Mathématiciens du XVIIe siècle ayant étudié la cycloïde.

Jacob (Jacques) Bernoulli (1654–1705)	Sir Isaac Newton (1643–1727)
Johann Bernoulli (1667–1748)	François Nicole (1683–1758)
Roger Cotes (1682–1716)	Blaise Pascal (1623–1662)
Girard Desargues (1591–1661)	Michelangelo Ricci (1619–1682)
René Descartes (1596–1650)	Gilles Personne de Roberval (1602–1675)
Pierre de Fermat (1601–1665)	René François Walter de Sluze (1622–1685)
Christiaan Huygens (1629–1695)	Evangelista Torricelli (1608–1647)
Phillippe de Lahire (1640–1718)	Vincenzo Viviani (1662–1703)
Gottfried Wilhelm von Leibniz (1646–1716)	John Wallis (1616–1703)
Guillaume François Antoine Marquis de L'Hôpital (1661–1704)	Sir Christopher Wren (1632–1723)

examinée par Marin Mersenne (1588–1648), mais ce fut Galilée qui lui donna son nom en 1599. Ce dernier s'évertua, en vain, à calculer l'aire située sous une cycloïde – allant même jusqu'à en peser des échantillons. La liste de tous ceux qui ont écrit des choses au sujet de la cycloïde (Tableau 5.2) est un véritable annuaire biographique des savants du XVIIe siècle. Des querelles ont éclaté entre eux (par exemple au sujet de la primauté de certaines découvertes) à tel point que la cycloïde fut surnommée « la Hélène des géomètres » en référence à Hélène de Troie, « la personnalité qui précipita un millier de navires sur les flots ».

Les mathématiciens pionniers du XVIIe siècle s'adonnèrent aux cycloïdes et aux autres courbes abordées dans cette section, parce qu'elles constituent un terrain privilégié pour tester les idées fertiles du calcul infinitésimal de Newton et Leibniz.

Les courbes cycloïdales furent étudiées par Ole Römer (1644–1710), l'astronome danois qui mesura le premier la vitesse de la lumière. Römer leur consacra toute son attention dans

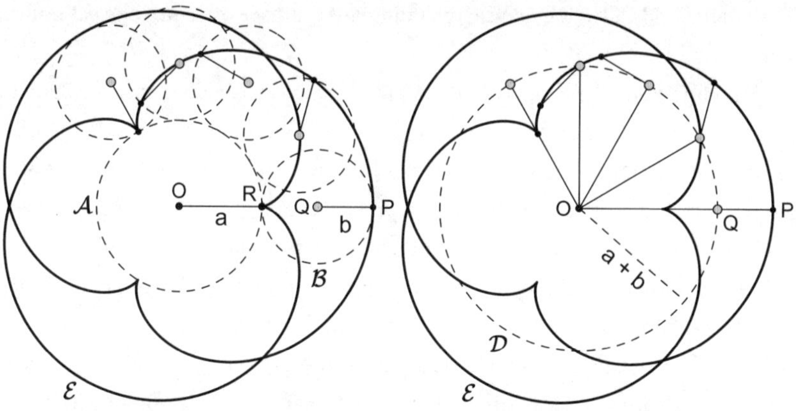

(a) Construction avec cercle mobile

(b) Construction avec tiges

Figure 5.6 Épicycloïde.

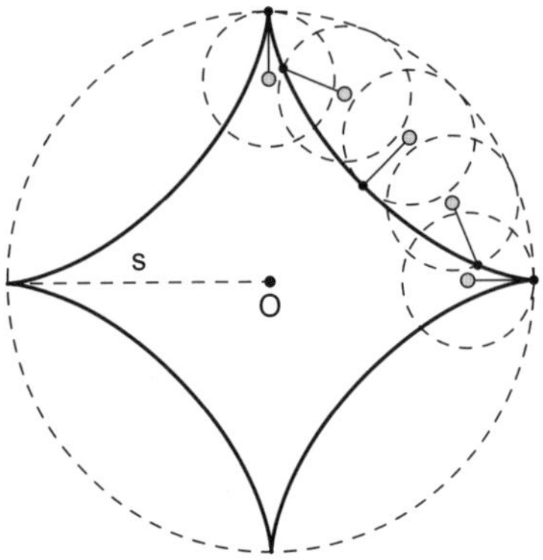

(a) Astroïde

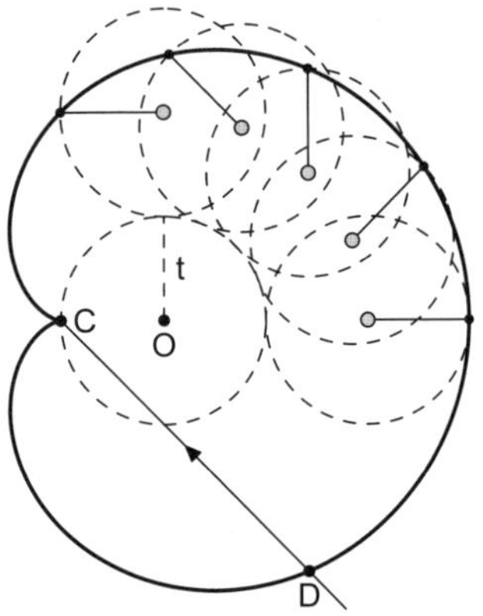

(b) Cardioïde

Figure 5.7

ses recherches sur la forme la plus optimisée de roue dentée : celle-ci s'avérait indispensable dans une multitude de dispositifs mécaniques.

Une courbe cycloïdale est appelée *hypocycloïde* ou *épicycloïde* selon que le cercle mobile roule à l'intérieur du cercle directeur ou non. Le processus de génération d'une épicycloïde – le principe est similaire pour l'hypocycloïde – est illustré dans la Figure 5.6. La Figure 5.6a révèle la construction de l'épicycloïde $\mathcal{E}$ où les cercles directeur et mobile sont respectivement $\mathcal{A}$ de rayon a, et $\mathcal{B}$ de rayon b. Dans cet exemple, les tiges de $\mathcal{A}$ et de $\mathcal{B}$ vérifient la relation $a/b = 3/2$.

La Figure 5.6b montre la construction de $\mathcal{E}$ avec un assemblage de tiges – démontrant ainsi que l'épicycloïde $\mathcal{E}$ est une courbe épicycloïdale où le cercle déférant $\mathcal{D}$ est de rayon $a + b$. Le mouvement de l'assemblage est déterminé par la condition que le cercle $\mathcal{B}$ doit rouler sur le cercle $\mathcal{A}$ sans glisser.

Une *hypocycloïde* se trace de manière similaire par le truchement d'un petit cercle roulant sans glisser à l'intérieur d'un cercle plus grand. Si le rayon du grand cercle équivaut à quatre fois celui du petit cercle, l'hypocycloïde résultante est baptisée *astroïde* ; elle est indiquée dans la Figure 5.7a.

Enfin, l'épicycloïde en forme de cœur de la Figure 5.7b est appelée *cardioïde*. Une cardioïde est engendrée lorsque le cercle directeur et le cercle mobile supérieur sont de même taille.

On fabrique de nos jours des microphones et des antennes cardioïdes de sensibilités différentes suivant la direction. La Figure 5.7b représente un plan horizontal où le dispositif est placé dans le creux C de la cardioïde. La droite DC représente la trajectoire d'un signal reçu par l'appareil en C, et la longueur du segment DC est proportionnelle à l'amplification consécutive de ce signal. La sensibilité chute à zéro directement au dos du microphone ou de l'antenne. Un microphone cardioïde directionnel ne serait pas judicieux pour une discussion autour d'une table, mais il est utile lorsqu'il n'y a qu'un seul orateur car il possède une sensibilité accrue de son côté dirigé vers le locuteur, vers la droite sur la Figure 5.7b, tout en atténuant les bruits provenant du côté opposé, de la gauche.

Parmi les nombreuses propriétés remarquables de la cycloïde, de l'astroïde et de la cardioïde, nous pouvons montrer, grâce au calcul infinitésimal, que la longueur d'un arc est un multiple entier du rayon des cercles et que l'aire est un multiple simple de l'aire du cercle directeur :

Cycloïde (Figure 5.5)

Longueur d'un arc $= 8r$ (4 fois le diamètre du cercle)
Aire sous la courbe $= 3\pi r^2$ (3 fois l'aire du cercle)

Astroïde (Figure 5.7a)

Circonférence $= 6s$ (3 fois le diamètre du cercle directeur)
Aire $= \frac{3}{8}\pi s^2$ (3/8ᵉ de l'aire du cercle directeur)

Cardioïde (Figure 5.7b)

Circonférence $= 16t$ (8 fois le diamètre du cercle directeur)
Aire $= 6\pi t^2$ (6 fois l'aire du cercle directeur)

Dans ce chapitre, nous avons défini les courbes épicycloïdales et montré qu'elles sont source de motifs ornementaux et de problèmes pour le calcul infinitésimal balbutiant. Dans le chapitre suivant, nous verrons que ces courbes sont le socle fondateur du système de Ptolémée de représentation du mouvement des planètes – un canevas qui a dominé l'astronomie durant plus d'un millénaire.

DEUXIÈME PARTIE

Renaissance

6

RÉVOLUTIONNAIRE MALGRÉ LUI

« Nous trouvons donc dans cet ordre admirable une harmonie du monde, ainsi qu'un rapport certain entre le mouvement et la grandeur des orbes, tel qu'on ne le peut pas retrouver d'une autre manière. »

Copernic, *Des révolutions des orbes célestes (1543), traduction d'Alexandre Koyré (1934)*

« Par conséquent, trente-quatre cercles suffisent en tout à expliquer la structure complète de l'Univers et le ballet intégral des planètes. »

Copernic, *Commentariolus (1510–1514)*

Durant plus d'un millénaire, l'astronomie approuva la vision de Ptolémée d'un système solaire gouverné par un subtil enchevêtrement de courbes épicycloïdales et leurs extrapolations. Copernic partageait cette croyance. La citation ci-dessus se réfère à l'utilisation par Copernic d'épicycles à 34 cercles pour modéliser le mouvement des six planètes connues. (Il porta ultérieurement ce nombre à 48.) Puisque les épicycles ont été bannis de l'astronomie depuis des siècles, il importe peu dorénavant de savoir combien de cercles invoquait Copernic. Son accomplissement magistral fut sa compréhension que la Terre est une planète, et que toutes les planètes, dont la Terre, gravitent autour du Soleil.

Dans l'*Almageste*, Ptolémée expliquait le mouvement de chaque planète grâce à un modèle en trois dimensions qui rendait assez bien compte des données observationnelles à deux dimensions disponibles à son époque. De surcroît, le modèle de Ptolémée concorde de manière remarquable avec le mouvement tridimensionnel des planètes tel que nous l'appréhendons aujourd'hui, même si ce fait ne pouvait être vérifié jadis. Le défaut de Ptolémée a été de modéliser séparément les planètes, chacune avec une échelle de distance distincte, arbitrairement choisie. De ce fait, Ptolémée n'avait aucune idée des distances en jeu entre les planètes et le Soleil. Par exemple, il n'avait nullement conscience du fait que, parfois, Vénus et la Terre font face à des côtés opposés du Soleil. (Néanmoins, Ptolémée présente par la suite dans ses *Hypothèses planétaires* des idées spéculatives au sujet des distances planétaires, basées sur les sphères cristallines exposées dans le Chapitre 2 – une réflexion finalement infructueuse.)

Copernic n'explique pas comment il réalisa ce formidable bond en avant. Je pense malgré tout qu'il est intéressant de concevoir sa transition de la théorie ptolémaïque comme un processus à deux étapes. La première est le discernement par Copernic des distances planétaires, et la seconde est le positionnement du Soleil au centre immobile du Système solaire.

Le premier jalon fut ultérieurement confirmé par les observations de Galilée des phases de Vénus, au télescope. Il clama avoir confirmé la seconde étape, mais, comme nous le savons désormais, il est impossible de démontrer par des arguments uniquement cinématiques que le Soleil est au centre immobile du Système solaire (voir la Section 3.2). La confirmation de cette idée dut attendre la théorie de la dynamique de Newton.

La lucidité visionnaire de Copernic ne se fondait pas sur des preuves expérimentales nouvelles ni sur la découverte d'anomalies dans le raisonnement de ses prédécesseurs. Son habileté consista plutôt à s'affranchir des complications inutiles du système ptolémaïque – à tirer parti du rasoir d'Occam.

6.1. RÉAJUSTER LA THÉORIE PTOLEMAÏQUE

Copernic étudia l'*Épitomé de l'Almageste*, une œuvre de l'astronome et mathématicien allemand Regiomontanus (1436–1476). Cet ouvrage mentionne que Ptolémée se réfère brièvement dans son Livre 12 de l'*Almageste* à la possibilité d'intervertir le déférent et l'épicycle dans le mouvement épicycloïdal[1]. Nous discutons de cette proposition dans la Section 3.1, où je l'ai appelée le Théorème fondamental du mouvement épicycloïdal (Théorème 3.1). Nous l'utilisons ci-dessous pour mettre en exergue une transition logique de la théorie ptolémaïque à celle copernicienne. Il est probable que Copernic ait suivi ce raisonnement, mais nous n'en savons rien. Je reste néanmoins persuadé que cette analyse en deux étapes met en lumière la structure logique de la théorie de Copernic.

Dans l'*Almageste*, Ptolémée traite chaque planète indépendamment des autres. Il est possible de reporter sur un même graphique toutes les planètes, chacune se mouvant séparément comme l'affirme Ptolémée. Un tel diagramme (Figure 6.1) est une représentation du modèle déférent-épicycle de Ptolémée pour chaque planète, mais il utilise des échelles de distances

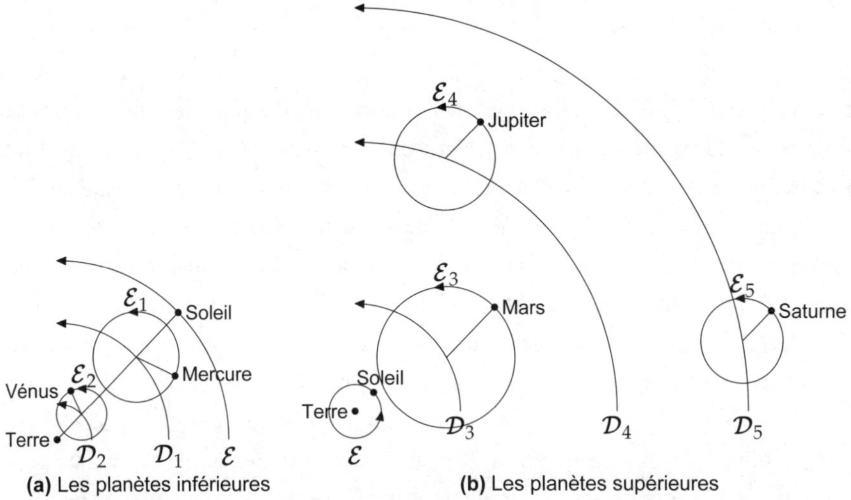

Figure 6.1 Le système ptolémaïque révélant toutes les planètes.

distinctes et arbitrairement choisies pour chaque paire déférent-épicycle.

La Figure 6.1 est divisée en deux parties : 6.1a montre le Soleil et les planètes inférieures, Mercure et Vénus, et 6.1b montre le Soleil et les planètes supérieures, Mars, Jupiter et Saturne. L'échelle de la partie 6.1a est grossie de sorte que $\mathcal{E}$ représente la trajectoire du Soleil dans les deux figures. Les cercles déférents sont $\mathcal{D}_1 \dots \mathcal{D}_5$ et les épicycles $\mathcal{E}_1 \dots \mathcal{E}_5$.

Les dimensions du système ptolémaïque ne sont pas précisées

Dans la Figure 6.1, certains rapports sont déterminés par le modèle de Ptolémée, tandis que d'autres dimensions demeurent arbitraires. Les trois conditions suivantes sont vérifiées :

1. Pour chaque planète, le rapport des rayons de la paire déférent-épicycle correspondante est précisé par le modèle de Ptolémée. Ces proportions sont utilisées pour construire la Figure6.1. Par exemple, le rapport du rayon $\mathcal{D}_3$ au rayon $\mathcal{E}_3$ pour Mars est égal à 1,524. Nous avons vu dans la Section 4.3 comment Ptolémée a déterminé ce nombre.
2. Pour toutes les planètes, on connaît les vitesses de rotation de leurs déférents et épicycles autour du centre. En particulier, les déférents de Mercure et de Vénus ($\mathcal{D}_1$ et $\mathcal{D}_2$), les épicycles de Mars, de Jupiter et de Saturne ($\mathcal{E}_3$, $\mathcal{E}_4$ et $\mathcal{E}_5$) et le Soleil ($\mathcal{E}$) possèdent tous une vitesse de rotation d'une révolution par an.
3. Dans la Figure 6.1b, la direction Terre–Soleil est parallèle aux rayons reliant chaque planète supérieure au centre de son épicycle. Voici pourquoi il en est ainsi. Le modèle déférent-épicycle de Ptolémée pour Mars est indiqué dans la Figure 3.2 : OM est un rayon reliant le centre O de l'épicycle à la planète Mars située en M. Dans ce modèle, la vitesse de rotation d'une planète supérieure le long de son épicycle, dans cette situation celle de M autour de O, est égale à une révolution par an. Puisque $\overrightarrow{\mathsf{MO}}$ pointe vers le Soleil lors d'une opposition – comme l'indique la Section 4.3 – il s'ensuit que $\overrightarrow{\mathsf{MO}}$ reste parallèle à la direction Terre–Soleil.

En contrepartie, la taille des déférents ($\mathcal{D}_i$, $i = 1,\dots, 5$) reste arbitraire, dans la mesure où les rapports mentionnés au point 1 possèdent les bonnes valeurs.

Pour réajuster la théorie géocentrique de Ptolémée, il nous faut procéder en deux temps. Premièrement, échanger les déférents des planètes supérieures avec leurs épicycles. Deuxièmement, ajuster la taille des déférents et des épicycles tout en maintenant constant le rapport mentionné ci-dessus, de sorte que les nouveaux déférents coïncident tous avec $\mathcal{E}$, la trajectoire du Soleil.

Échange des déférents des planètes supérieures avec leurs épicycles

En vertu du Théorème 3.1 de la Section 3.1, le théorème fondamental du mouvement épicycloïdal, la permutation des déférents et des épicycles dans la Figure 6.1b ne modifie en aucune façon l'allure du mouvement épicycloïdal. La Figure 6.2 révèle le résultat de cette

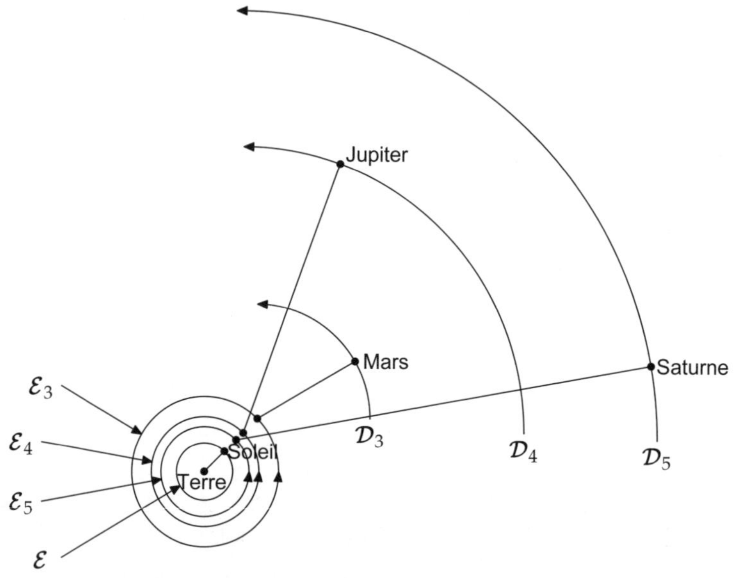

Figure 6.2 Modification de la Figure 6.1b, où les déférents des planètes supérieures sont échangés avec les épicycles.

inversion. Remarquez que les nouveaux déférents $\mathcal{E}_3$, $\mathcal{E}_4$ et $\mathcal{E}_5$ sont des cercles centrés sur la Terre, de même que $\mathcal{E}$, la trajectoire du Soleil.

Ajustement de la taille des déférents et des épicycles

Le système ptolémaïque permet d'agrandir ou de diminuer chaque paire déférent-épicycle de la Figure 6.1a ou 6.1b d'un facteur différent tout en préservant la position fixe de la Terre. Du fait que les déférents nouvellement définis $\mathcal{D}_1$, $\mathcal{D}_2$, $\mathcal{E}_3$, $\mathcal{E}_4$ et $\mathcal{E}_5$ possèdent la même vitesse de rotation que le Soleil ($\mathcal{E}$), nous pouvons appliquer un facteur approprié à chaque paire déférent-épicycle de sorte que *les déférents soient tous identiques à* $\mathcal{E}$, la trajectoire circulaire du Soleil. Cette transformation de la Figure 6.1b nous lègue une représentation beaucoup plus simple des planètes supérieures, indiquée dans la Figure 6.3b.

La transformation de la Figure 6.1a relative au mouvement des planètes inférieures est nettement plus facile parce qu'il n'est pas nécessaire de faire appel au Théorème 3.1. La Figure 6.3a révèle cette modification analogue faisant coïncider les déférents de Mercure ($\mathcal{D}_1$) et de Vénus ($\mathcal{D}_2$) avec le cercle $\mathcal{E}$. Finalement, dans les Figures 6.3a et 6.3b, $\mathcal{E}$ sert de déférent pour toutes les planètes. Nous pouvons justifier ce réaménagement par le fait qu'il conduit à une grande simplification. Il incarne une application du rasoir d'Occam à la version plus complexe du système ptolémaïque de la Figure 6.1.

Qui plus est, la Figure 6.3 possède une interprétation cinématique plus simple que la Figure 6.1. En vérité, elle peut être interprétée comme un mouvement orbital des planètes autour du Soleil, qui, à son tour, tourne autour de la Terre. Cette interprétation fut adoptée par Tycho Brahe et les astronomes post-coperniciens. Ces derniers approuvèrent la théorie de Copernic des distances relatives du Système solaire mais se refusaient à adopter sa théorie héliocentrique.

À l'époque de Copernic, cette version à un seul déférent du système ptolémaïque n'était étayée par aucune preuve observationnelle. En réalité, une telle confirmation était hors de portée des possibilités de l'observation à l'œil nu. Galilée (1564–1642) apporta la première confirmation – exposée dans la Section 6.3 – grâce à l'observation au télescope des phases de Vénus. Copernic avait cependant remarqué – voir l'épigraphe au début de ce chapitre – la relation harmonieuse entre la taille et la période des orbites des planètes autour du Soleil. Cette connexion fut ultérieurement quantifiée par Kepler.

Positionnement du Soleil au centre du Système solaire

Même si la deuxième étape de la théorie de Copernic, le positionnement du Soleil au centre du Système solaire, constitue, d'un point de vue purement mathématique, une extension mineure de l'extrapolation à un seul déférent de la théorie ptolémaïque, elle trouve toute sa légitimité car elle détrône le modèle déférent-épicycle, inutilement compliqué, et prépare la voie vers la théorie de la gravitation universelle de Newton.

Si le mouvement brossé dans la Figure 6.3 est *perçu relativement au Soleil,* le résultat indiqué dans la Figure 3.7 est le modèle planétaire dans lequel les planètes gravitent en suivant des orbites circulaires centrées sur le Soleil. Copernic modela ce système par l'ajout d'épicyclettes afin d'améliorer sa concordance avec les données observationnelles.

6.2. COPERNIC

On doit à l'astronome polonais Nicolas Copernic d'avoir été l'instigateur d'une révolution en astronomie (voir Kuhn, 1992), mais cela ne constituait nullement son intention. Copernic aspirait à corriger ce qu'il considérait être un défaut dans le système ptolémaïque. Il était

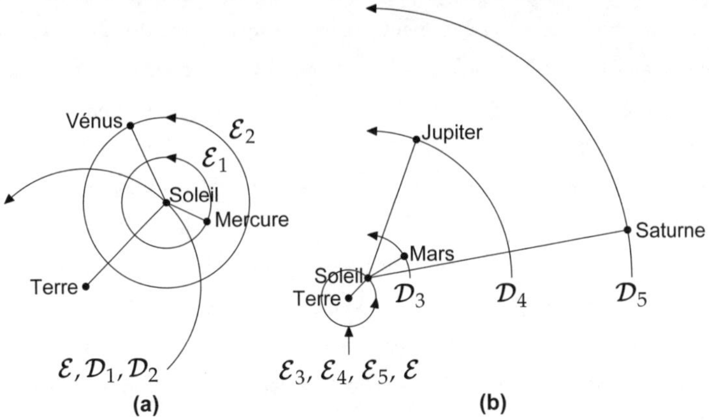

Figure 6.3

globalement satisfait des épicycles de Ptolémée. Néanmoins, il souhaitait se passer de l'équant de Ptolémée (Section 4.5) car il considérait que c'était une incartade au précepte de Platon postulant que le mouvement planétaire doit se fonder sur une rotation circulaire uniforme.

Copernic n'avait pas l'intention d'estomper les prédictions inexactes du système ptolémaïque, et il ne le fit pas. Il avait utilisé les données astronomiques de Ptolémée et s'intéressait davantage à la théorie qu'à l'observation.

Copernic n'était pas le premier à proposer un modèle héliocentrique du Système solaire. Cet honneur revint à Aristarque de Samos, dix-huit siècles auparavant, même si ce dernier ne fit pas l'unanimité parmi ses confrères.

Copernic ménagea avec circonspection la publication de ses théories, jusqu'à ce qu'on l'intima de le faire vers la fin de ses jours. En contrepartie, Galilée, parmi tant d'autres, soutint avec véhémence et intrépidité (certains diront par arrogance) la théorie héliocentrique de Copernic, malgré la suspicion d'hérésie pesant sur ses épaules et conduisant à l'arrestation imposée par l'Église catholique romaine.

Copernic fut chanoine au chapitre de la cathédrale de Frombork, une cité polonaise littorale de la mer Baltique. Il bénéficia de ce poste de 1497 jusqu'à la fin de sa vie, en 1543. Cette position lui procura un revenu et un temps libre suffisants pour poursuivre ses recherches en astronomie, qui donnèrent naissance à son œuvre majeure *De revolutionibus orbium cœlestium*, « Des révolutions des orbes célestes », grandement complétée durant la période 1512–1530. Vers la fin de sa vie, en 1543, Copernic en accepta à regret sa publication. Redoutant sans aucun doute d'être blâmé par l'Église, il accepta de publier uniquement sous l'insistance de ses amis Rheticus et Giese.

De revolutionibus contient une préface, rédigée par Andreas Osiander, qui proclame que le travail exposé est simplement un artifice du calcul n'affirmant en aucune façon que le Soleil réside véritablement au centre du Système solaire. En voici une traduction partielle[2] :

> « Je ne doute pas que certains savants – puisque déjà s'est répandu le bruit concernant la nouveauté des hypothèses de cette œuvre, qui pose la Terre comme mobile et le Soleil, par contre, comme immobile au centre de l'Univers, – ne soient fortement indignés et ne pensent qu'on ne doit pas bouleverser les disciplines libérales, bien établies depuis très longtemps déjà. Si cependant ils voulaient bien examiner cette chose de près, ils trouveraient que l'auteur de cet ouvrage n'a rien entrepris qui mériterait le blâme. En effet, c'est le propre de l'astronome de colliger, par une observation diligente et habile, l'histoire des mouvements célestes. Puis d'en [rechercher] les causes, ou bien – puisque d'aucune manière il ne peut en assigner de vraies – d'imaginer ou d'inventer des hypothèses quelconques, à l'aide desquelles ces mouvements (aussi bien dans l'avenir que dans le passé) pourraient être exactement calculés conformément aux principes de la géométrie. Or, ces deux tâches, l'auteur les a remplies de façon excellente. Car, en effet, il n'est pas nécessaire que ces hypothèses soient vraies ni même vraisemblables ; une seule chose suffit : qu'elles offrent des calculs conformes à l'observation. [...] Or comme pour [expliquer] un seul et même mouvement s'offrent parfois différentes hypothèses [...], l'astronome adoptera de préférence celle qui est la plus facile à comprendre. [...] Et que personne,

en ce qui concerne les hypothèses, n'attende de l'astronomie rien de certain, puisque celle-ci aussi ne veut nous donner rien de pareil, afin que – s'il prenait pour vraies des choses fabriquées pour un autre usage – il ne quitte cette étude plus bête qu'il ne l'avait abordée. »

L'objectif d'Osiander consistait à étouffer dans l'œuf toute critique émanant des autorités religieuses. D'un autre côté, il est légitime d'affirmer que le principal avantage de la théorie héliocentrique de Copernic est sa simplicité plutôt que sa véracité. En réalité, le mouvement du Système solaire peut être retracé avec exactitude par rapport à n'importe quel système de coordonnées. Bien entendu, cela n'amoindri en aucune façon l'importance de la révolution copernicienne.

Au cours de la période 1510–1514, Copernic écrivit, sans la publier, une brève annonce préliminaire intitulée *Commentariolus,* incluant une liste de sept axiomes :

1. Les corps célestes ne se meuvent pas tous autour du même centre.
2. Le centre de la Terre n'est pas le centre de l'Univers.
3. Le centre de l'Univers jouxte le Soleil. (Copernic plaça le centre de rotation à proximité du Soleil pour parfaire la conformité de son système de courbes épicycloïdales avec les observations.)
4. La distance de la Terre au Soleil est imperceptible au regard de l'éloignement des étoiles.
5. La rotation de la Terre explique la rotation quotidienne apparente des étoiles.
6. Le mouvement annuel du Soleil par rapport aux étoiles fixes est dû au mouvement orbital de la Terre autour du Soleil.
7. Le mouvement rétrograde apparent des planètes est engendré par la rotation de la Terre et des planètes autour du Soleil.

Dans *De revolutionibus,* Copernic développa jusqu'au bout ces assertions. Les techniques de calcul de certaines vitesses et distances astronomiques employées dans le modèle de Copernic étaient déjà connues des astronomes de l'Antiquité, qui les utilisaient dans le modèle déférent-épicycle. Toutefois, Copernic fut le premier à comprendre que ces distances et ces vitesses étaient directement associées aux planètes plutôt qu'à des constructions hypothétiques (les épicycles et les déférents).

Copernic avait l'âme conservatrice, et non révolutionnaire. Il est probable qu'il pensait que le Soleil est véritablement au centre du Système solaire, mais la raison qu'il invoqua pour critiquer l'astronomie géocentrique de Ptolémée était que celle-ci dérogeait à la sentence de Platon au sujet du mouvement circulaire uniforme. En particulier, il contesta l'usage de l'équant par Ptolémée, décrit dans la Section 4.5. Il aspirait à mettre sur pied une théorie du Système solaire utilisant des courbes épicycloïdales, des déférents et des excentriques mais pas d'équants – un objectif que son système héliocentrique atteignait. Copernic usa librement des courbes épicycloïdales, son système était tout aussi complexe et non plus précis que le système ptolémaïque en usage à cette époque.

Malgré tout, Copernic déclencha une révolution. Galilée et d'autres savants adoptèrent la théorie copernicienne, non parce qu'elle éludait l'utilisation des équants, mais parce qu'elle plaçait le Soleil au centre du Système solaire.

6.3. GALILÉE

Galilée apporta des contributions dans deux sciences, l'astronomie et la mécanique. Ses découvertes sont exposées dans ses deux dialogues : *Dialogue sur les deux grands systèmes du monde* (1632) – celui ptolémaïque et celui copernicien – et *Discours et démonstrations mathématiques concernant deux sciences nouvelles* (1638). Ces deux sciences nouvelles sont des branches de la mécanique – la *résistance des matériaux* et la *dynamique*. Les contributions de Galilée à la mécanique seront abordées dans la Section 9.2.

En 1609, Galilée eut écho d'une invention récente, le télescope, et décida d'en construire un lui-même. Il utilisa son télescope pour explorer les cieux. Il fit rapidement des découvertes troublantes qui contredisaient de nombreuses idées établies depuis fort longtemps en astronomie. Il renversa la notion de simplicité et de perfection immuables de la voûte céleste. Les mystères, les complications et les imperfections abondaient : le Soleil possède des tâches ; la Lune exhibe des cratères, des monts et des vallées ; Jupiter a des lunes ; Vénus révèle des phases similaires à la Lune ; Saturne est affublée d'« oreilles » – ce sont en vérité des anneaux.

Galilée proposa que le chronométrage précis des éclipses des lunes de Jupiter permettraient aux navigateurs de déterminer la longitude – un problème de navigation crucial à l'époque. Il inventa des dispositifs à cet effet, mais aucun ne fut d'un usage pratique. Dans le siècle qui suivit, des horloges précises combinées aux observations célestes basées sur le sextant suffirent à déterminer la longitude.

Galilée se fit ostensiblement l'avocat de la théorie copernicienne. Malgré l'injonction, formulée en 1616 par l'Inquisition, l'interdisant d'enseigner la théorie de Copernic, il publia son *Dialogue sur les deux grands systèmes du monde* (voir la Figure 6.4). Son ouvrage était rédigé, non pas en latin pour le réserver secrètement aux érudits, mais en italien pour le rendre courageusement accessible au commun des mortels. Galilée prétendit que son livre n'était qu'une discussion fictive, mais Salviati, un hypothétique protagoniste copernicien, bat clairement en brèche les arguments présentés au profane Sagredo par l'aristotélicien Simplicio. Galilée fut jugé en 1633 pour sa prétendue insubordination, accusé de « suspicion véhémente d'hérésie ». Il fut condamné à l'emprisonnement à vie pour avoir désobéi aux ordres l'interdisant d'enseigner la cosmologie héliocentrique – peine qu'il purgea dans une prison jusqu'à sa mort en 1642. Il était interdit de publication, or il passa outre. Le *Discours concernant deux sciences nouvelles* fut publié à Leyde, en Hollande, hors d'atteinte de l'Inquisition, mais Galilée ne fut pas châtié pour cette infraction supplémentaire.

Le scandale suscité par le procès de Galilée donna une certaine notoriété à ses travaux astronomiques, mais nombreux sont ceux qui pensent que ses plus grandes avancées concernent la mécanique, le thème du *Discours concernant deux sciences nouvelles*. Galilée initia la théorie

Figure 6.4 Frontispice du *Dialogue sur les deux grands systèmes du monde* de Galilée (1632).

de la chute des corps – prélude aux lois de Newton sur la dynamique et à la théorie de la gravitation universelle. Ainsi, Galilée avança deux raisonnements logiques qui ont été réutilisés par Newton un siècle plus tard, tramant ainsi de fil en aiguille la première théorie qui expliquera toutes les particularités du mouvement des planètes.

Galilée a certainement joué de son influence dans l'initiation de Johannes Kepler à l'hypothèse héliocentrique. Ce fut finalement Kepler qui leva le voile sur les bénéfices de la révolution astronomique. Galilée soutint le modèle héliocentrique de Copernic : il proclama que le fait que la Terre et les planètes gravitent autour du Soleil est une réalité, et non simplement un expédient du calcul. Son adhésion au système héliocentrique provoqua une vive opposition de l'Église catholique romaine, et cette controverse stimula la nécessité de trancher cette question à l'aide de mesures astronomiques plus rigoureuses.

Les phases de Vénus

Galilée fit des observations au télescope, et soutint qu'elles corroboraient la théorie de Copernic. Plus particulièrement, il découvrit que Vénus, comme la Lune, révèle des phases en forme de croissant qu'il explicitait par sa rotation autour du Soleil. Dans une lettre adressée à l'ambassadeur toscan à Prague, Galilée dissimula des informations sur les phases de Vénus dans une anagramme.

Les croquis de Galilée sur Vénus sont indiqués dans la Figure 6.5a, révélant que lorsque cette planète se trouve dans sa phase de croissant le plus étroit (phase 1 de « nouvelle lune »), son diamètre est environ six fois plus grand que lors de sa phase de « pleine lune » (5). Il était persuadé que cette observation ferait résolument pencher la balance en faveur de la théorie héliocentrique du Système solaire, comme l'illustre la Figure 6.5b, indiquant les positions relatives de Vénus et de la Terre correspondant aux phases de la Figure 6.5a. La position la plus éloignée de Vénus, par rapport à la Terre, représente sa phase de « pleine lune ».

On sait que le rapport des distances maximale et minimale entre la Terre et Vénus s'élève à 6,2280. Cette valeur constitue une bonne confirmation de l'exactitude des observations de Galilée car dans la Figure 6.5a, le diamètre de la phase 1 s'avère être environ six fois plus grand que celui de la phase 5. Ptolémée, n'ayant pas de télescope, utilisait une méthode de calcul

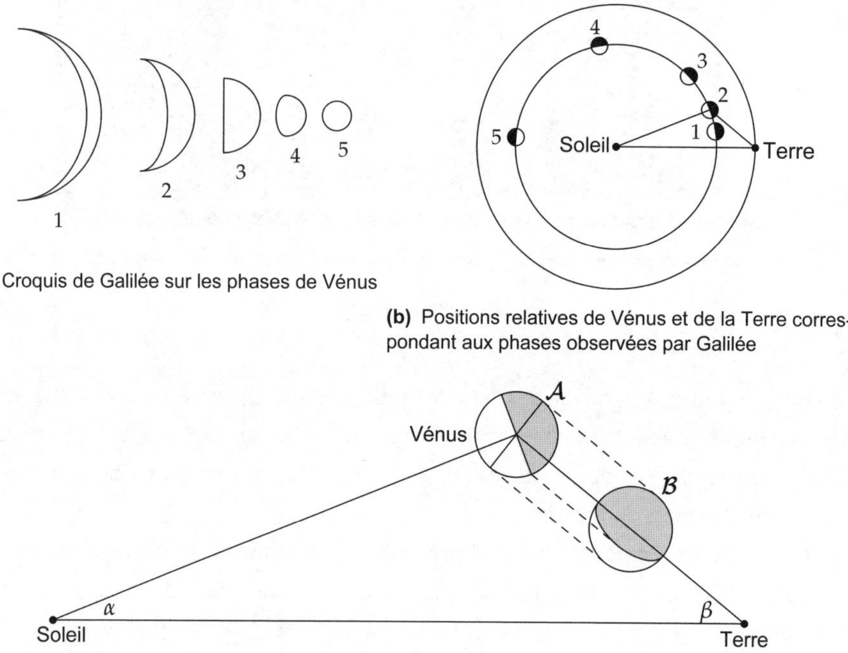

(a) Croquis de Galilée sur les phases de Vénus

(b) Positions relatives de Vénus et de la Terre correspondant aux phases observées par Galilée

(c) Gros plan de (b) révélant la géométrie en croissant de la phase 2

Figure 6.5 Les observations de Galilée au télescope sur les phases de Vénus corroboraient la théorie héliocentrique du Système solaire. Vénus est largement agrandie en (c). On indique également les relations entre le Soleil et les positions de Vénus et de la Terre. Une projection orthogonale révèle la forme en croissant de la phase 2.

distincte faisant appel aux diamètres du déférent et de l'épicycle de Vénus. Son estimation remarquablement conforme du rapport était de 6,5.

La Figure 6.5c est un agrandissement d'un détail de la Figure 6.5b constitué du triangle formé par le Soleil, la Terre et l'image 2 de Vénus, révélant la géométrie sous-jacente aux observations des phases de cette dernière. $\mathcal{A}$ représente Vénus, largement grossie, à sa deuxième position dans la Figure 6.5b. $\mathcal{B}$ est une projection orthogonale de $\mathcal{A}$ (une rotation de $\mathcal{A}$ de 90°) exhibant la forme en croissant vue de la Terre. L'angle β représente la distance angulaire apparente entre le Soleil et Vénus. Si β est égal à 0° ou 180°, Vénus est occultée par le halo lumineux du Soleil[3].

Les observations de Galilée n'ont pas *démontré* le bien-fondé de la théorie héliocentrique du Système solaire : nous pouvons tout aussi bien les expliquer avec un modèle géocentrique[4]. Le récit de Vaisseau Terre 2 dans la Section 3.2 montre que la différence entre la théorie héliocentrique et celle géocentrique ne sera jamais plus qu'un point de vue relatif, mais Galilée démontra véritablement que l'hypothèse géocentrique était inutilement compliquée et peu commode dans toute étude systématique de l'astronomie. L'avènement de la théorie newtonienne de la dynamique allait démontrer ce fait de manière cinglante.

Les observations de Galilée, faites au télescope, sonnèrent le glas du dogme selon lequel les cieux sont un monde d'une perfection éternelle et immuable. Celui-ci découvrit des verrues et des tâches sur les corps célestes – le Soleil est maculé et la Lune creusée de cratères. Aujourd'hui nous nous confortons dans l'idée que la Terre n'est qu'une portion imperceptible d'un cosmos incroyablement complexe, mais cette idée était inconcevable à l'époque de Galilée.

Le malentendant – j'en suis un – ne se satisfait pas toujours d'un appareil auditif : le ronronnement d'un paisible acouphène cède la place à un vacarme confus de bruits de circulation, de conversations à demi audibles et de tintements d'assiettes. Galilée ouvrit nos sens, et l'Univers ne fut plus jamais ce qu'il était.

Le travail de Copernic et de Galilée a ouvert la voie à la découverte de Kepler sur l'ellipticité des orbites planétaires. Pour s'y préparer, le chapitre suivant discute des propriétés générales de l'ellipse.

7

LES CERCLES ABDIQUENT

« Dans une fausse tenue
Avec une queue tordue
Et d'elliptiques boules de billard. »

W. S. Gilbert, *The Mikado* (1885)

À l'aube du XVIIe siècle, Kepler découvrit que les orbites planétaires sont des ellipses. Afin de nous préparer à ce récit, relaté dans le chapitre suivant, nous allons maintenant exposer quelques propriétés relatives à ces courbes.

7.1. L'ELLIPSE

Apollonius de Perge, mathématicien de l'école d'Alexandrie, étudia l'ellipse ainsi que la parabole et l'hyperbole – que nous appelons collectivement des sections coniques. Il baptisa ces courbes des noms que nous utilisons aujourd'hui. Sur ce sujet, Apollonius rédigea un traité, les *Coniques*, constitué de huit livres, dont sept ont survécu – les quatre premiers en grec original, les trois suivants en traduction arabe. Le septième ayant survécu ne contient pas moins de 387 propositions. Malgré tout, Apollonius ne fit pas allusion à l'importance de l'ellipse et des autres coniques en astronomie. Comme mentionné précédemment, il proposa que les courbes épicycloïdales décrivent le mouvement des planètes.

Toutes les sections coniques – l'ellipse, la parabole et l'hyperbole – peuvent être perçues comme les courbes situées à la frontière entre la lumière et l'obscurité lorsque nous éclairons d'une lampe torche la paroi plane d'une pièce sombre.

L'ellipse est une courbe ovale d'un type très particulier, que nous allons définir. Une photographie de mon bureau pourrait représenter le bord circulaire de ma tasse de café sous forme d'ellipse. Nous voyons des centaines d'ellipses chaque jour parce que c'est ainsi que l'œil perçoit obliquement un cercle – en fait, le cercle est lui-même un cas particulier d'ellipse.

L'observation précédente peut être formalisée par une définition, mais il existe un raccourci vers les applications astronomiques de l'ellipse, indiqué dans la Figure 7.1a. La construction a lieu dans un plan bidimensionnel fixe. Une ellipse $\mathcal{E}$ est déterminée par le choix des points E et F, appelés *foyers*, ainsi que d'un nombre d supérieur à la distance entre E et F. L'ellipse $\mathcal{E}$ est définie comme étant le lieu[1] des points P tels que la somme des deux distances $\overline{\mathsf{PE}}$ et $\overline{\mathsf{PF}}$ est égale à d – c'est-à-dire, tels que $\overline{\mathsf{EP}} + \overline{\mathsf{PF}} = d$. S'il se trouve que les points E et F coïncident,

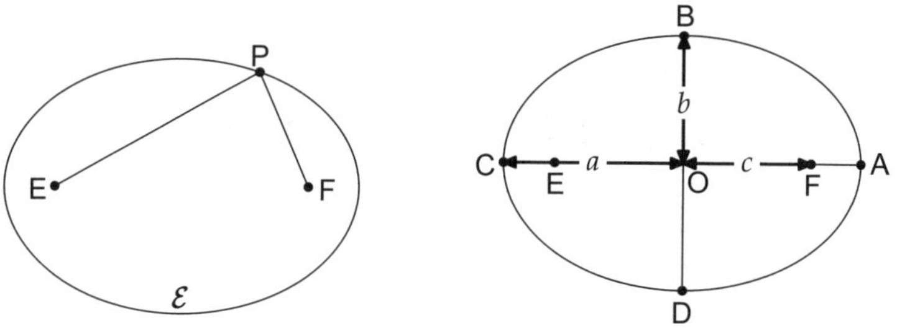

Étant donné une longueur d supérieure à la distance entre les foyers E et F, le lieu des points P tels que $\overline{\mathsf{EP}} + \overline{\mathsf{PF}} = d$ forme une ellipse.

(a)

Notation standard de l'ellipse	
Demi-grand axe	$\overline{\mathsf{OA}} = a$
Demi-petit axe	$\overline{\mathsf{OB}} = b$
Demi-distance focale	$\overline{\mathsf{OF}} = c$

(b)

Figure 7.1 L'ellipse.

l'ellipse est alors un cercle de rayon $d/2$.

Pour vérifier l'exactitude de la Figure 7.1a, fixez deux punaises en E et F. (Pour éviter d'abîmer le livre, faites une photocopie de cette figure.) Attachez un fil de longueur d aux deux points, utilisez un crayon pour tendre le fil et glissez la mine du crayon le long du fil tendu : vous dessinerez une courbe qui ressemblera à la Figure 7.1a.

La Figure 7.1b donne quelques éléments de terminologie de l'ellipse. Le segment de droite AC passe par E et F, les deux foyers de l'ellipse. Le point O, le centre de l'ellipse, est le milieu de AC. Le segment BD est perpendiculaire à AB en O. Les longueurs $\overline{\mathsf{OA}} = a$, $\overline{\mathsf{OB}} = b$ et $\overline{\mathsf{OF}} = c$ sont respectivement appelées demi-grand axe, demi-petit axe et demi-distance focale. Dans la Figure 7.1b, la notation A, B, ..., F et O est arbitraire, mais l'utilisation des lettres a, b et c est standard.

Supposons que P soit égal à A, nous voyons que la longueur d du fil est égale à $2a$. Si P est égal à B, alors grâce au théorème de Pythagore on établit l'équation $a^2 = b^2 + c^2$.

Propriété de réflexion

Nous montrerons plus bas que l'ellipse possède la propriété remarquable suivante. Supposez que la frontière de l'ellipse soit un miroir, alors un rayon de lumière émanant d'une source située en l'un des foyers passe par l'autre foyer. Par exemple, dans la Figure 7.1a, EP est un rayon lumineux émis au point E, et PF est le rayon réfléchi passant par F.

La propriété de réflexion est formulée dans le théorème qui suit, lequel se réfère à la Figure 7.2.

Proposition 7.1. *Soit* P *un point de l'ellipse* $\mathcal{E}$ *de foyers* E *et* F. *Une droite* $\mathcal{T}$ *contenant* P *est tangente à* $\mathcal{E}$ *si et seulement si les angles* $\widehat{\mathsf{APE}}$ *et* $\widehat{\mathsf{BPF}}$ *sont égaux.*

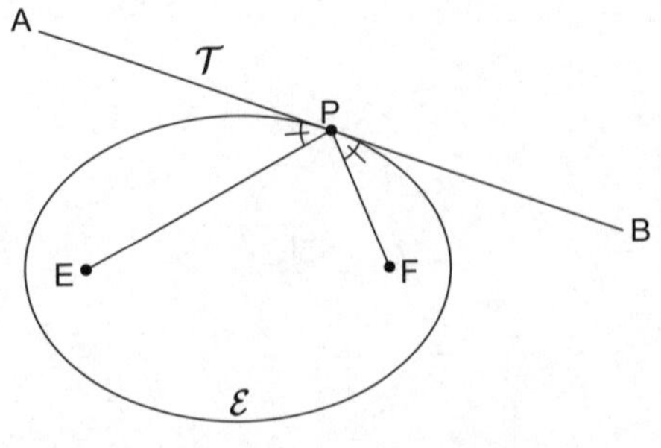

Figure 7.2 Ellipse $\mathcal{E}$ et sa droite tangente $\mathcal{T}$.

Les ondes sonores sont également capables de se focaliser. Imaginez une pièce de forme elliptique où les parois réfléchissent le son : quelle que soit la taille de cette pièce, tout son émis à l'un des foyers de l'ellipse sera entendu avec une étonnante clarté à l'autre foyer. On appelle *galerie des murmures* une telle salle. Généralement, la nature elliptique de la pièce est partielle, subtile et non intentionnelle. De remarquables galeries des murmures existent au National Statuary Hall du Capitole des États-Unis et à la cathédrale Saint-Paul de Londres.

L'ellipse est la frontière entre les régions *intérieure* et *extérieure*. Un point Q appartient à l'une ou l'autre de ces régions ou à l'ellipse elle-même, selon que

$$\overline{\mathsf{EQ}} + \overline{\mathsf{FQ}} < d,$$

$$\overline{\mathsf{EQ}} + \overline{\mathsf{FQ}} > d, \text{ ou}$$

$$\overline{\mathsf{EQ}} + \overline{\mathsf{FQ}} = d$$

La démonstration fait appel à des concepts qui méritent quelques précisions préliminaires :

1. Une droite *tangente* à une ellipse se caractérise ainsi : un point unique situé sur la droite appartient à l'ellipse, et tous les autres points de la droite sont extérieurs à celle-ci.
2. *Réflexion par rapport à une droite* : dans la Figure 7.3a, le point G est la réflexion de F par rapport à la droite $\mathcal{T}$. Remarquez que $\mathcal{T}$ est la sécante perpendiculaire au segment FG passant par son milieu (la médiatrice).
3. La preuve s'appuie sur un fait géométrique qui est devenu un stéréotype dans le langage courant : « Une ligne droite est la plus courte distance entre deux points ». Plus particulièrement, la preuve utilise de façon cruciale la proposition stipulant que la longueur d'un côté d'un triangle doit être inférieure à la somme des longueurs des deux autres côtés.

Comme l'indique la Figure 7.3b, nous faisons abstraction pour le moment de l'ellipse $\mathcal{E}$ et considérons une droite $\mathcal{T}$ passant par le point P situé sur l'ellipse, de sorte que les angles $\widehat{\mathsf{QPE}}$ et $\widehat{\mathsf{RPF}}$ soient égaux. Le Théorème 7.1 est équivalent à la proposition suivante.

Proposition 7.2. *D'après la Figure 7.3b, soit* Q *un point arbitraire distinct de* P, *et situé sur la droite* $\mathcal{T}$, *alors la somme des distances* $\overline{\mathsf{QE}}$ *et* $\overline{\mathsf{QF}}$ *est supérieure à d, la somme de* $\overline{\mathsf{PE}}$ *and* $\overline{\mathsf{PF}}$.

Démonstration. D'après la Figure 7.3c, considérons la réflexion du triangle $\triangle\mathsf{FPQ}$ par rapport à la droite $\mathcal{T}$. L'image du triangle $\triangle\mathsf{FPQ}$ est le triangle $\triangle\mathsf{GPQ}$, et l'angle $\widehat{\mathsf{RPG}}$ est égal à l'angle $\widehat{\mathsf{RPF}}$, lequel est égal par construction à l'angle $\widehat{\mathsf{QPE}}$. Donc $\widehat{\mathsf{QPE}}$ est égal à $\widehat{\mathsf{RPG}}$, ce qui

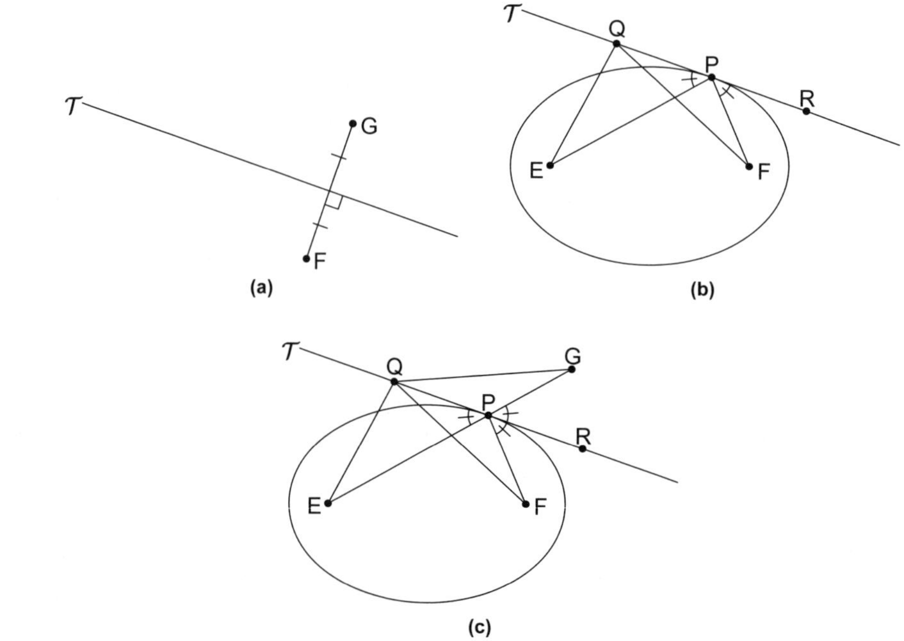

Figure 7.3 Démonstration de la Proposition 7.2. La notation dans ces trois figures est cohérente avec celle de la Figure 7.2. Par exemple, F représente le même point dans ces quatre figures.

implique que EPG soit une droite. En fait, les angles $\widehat{QPE}$ et $\widehat{RPG}$ sont des angles opposés par le sommet (donc égaux) des droites sécantes $\mathcal{T}$ et EPG. Puisque la longueur $\overline{PG}$ est égale à $\overline{PF}$, celle du segment de droite EPG est égale à $\overline{PE} + \overline{PF}$, qui, par la définition de l'ellipse $\mathcal{E}$, est égale à d.

Or $\overline{QE} + \overline{QG}$ est supérieure à $\overline{EPG} = d$ car la longueur de ce côté du triangle EQG doit être inférieure à la somme des longueurs des deux autres côtés – c'est-à-dire $\overline{QE} + \overline{QG}$. Puisque $\overline{QG} = \overline{QF}$, nous en déduisons, comme mentionné ci-dessus, que $\overline{QE} + \overline{QF}$ est supérieur à d. □

Par conséquent $\overline{QE}+\overline{QF} \geq d$ pour un point quelconque Q de $\mathcal{T}$, et l'égalité ne survient que si Q $=$ P. Il en découle que, tant que P appartient à l'ellipse $\mathcal{E}$, tout autre point de la droite $\mathcal{T}$ est situé à l'*extérieur* de l'ellipse. Ceci signifie que la droite $\mathcal{T}$ – indiquée dans les Figures 7.3b, 7.3c et 7.4a – est *tangente* à l'ellipse au point P.

Construction de tangentes

Cette section discute des solutions à deux problèmes qui concernent les tangentes à une ellipse.

Problème 7.1. Dessiner la tangente passant par un point donné de l'ellipse.

Problème 7.2. Dessiner les deux tangentes ayant une direction donnée.

Les solutions sont facilitées par l'introduction de deux cercles auxiliaires – le cercle *focal* pour le Problème 7.1 et le cercle *majeur* pour le Problème 7.2.

En se basant sur la Figure 7.4a, supposons que $\mathcal{E}$ soit une ellipse donnée de foyers E et F. De surcroît, on suppose que P est un point quelconque situé sur l'ellipse tel que $\overline{\mathsf{PE}} + \overline{\mathsf{PF}} = d$. Par conséquent, la précédente section a établi qu'il est possible de construire la tangente $\mathcal{T}$ contenant le point donné P :

1. Localiser le point G en prolongeant le segment EP de telle sorte que la longueur du segment EPG soit égale à $d = 2a$.
2. Le point S représente le milieu du segment FG. La droite qui coupe le segment FSG perpendiculairement à son milieu (la médiatrice) est $\mathcal{T}$, la tangente cherchée de $\mathcal{E}$.

La médiatrice d'un segment de droite donné est une construction géométrique classique à la règle et au compas. Ainsi, en fixant les foyers E et F ainsi qu'un point P de l'ellipse, nous pouvons construire, uniquement à l'aide d'une règle et d'un compas, une droite tangente à l'ellipse au point P.

Le cercle focal

La Figure 7.4b révèle le cercle auxiliaire $\mathcal{F}$, ou cercle *focal,* permettant de faciliter la recherche de la solution au Problème 7.1. Cette figure montre la construction de la tangente $\mathcal{T}$ au point P, comme dans la Figure 7.4a, ainsi que celle de la tangente en un point supplémentaire P'. Pour tracer la tangente $\mathcal{T}'$ au deuxième point P' situé sur l'ellipse $\mathcal{E}$, on dessine le cercle focal

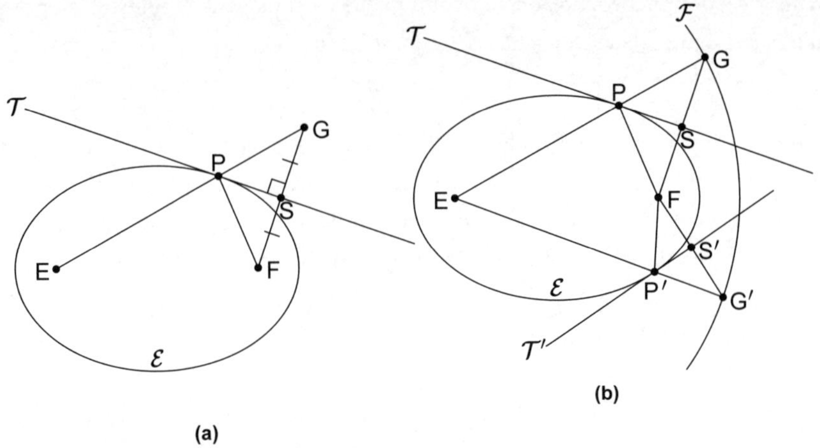

Figure 7.4 Construction des tangentes à une ellipse. En (b), le cercle $\mathcal{F}$ de rayon $d = 2a$, centré en E, est appelé cercle *focal*. Les droites $\mathcal{T}$ et $\mathcal{T}'$ sont tangentes à l'ellipse $\mathcal{E}$ respectivement aux points P et P'.

$\mathcal{F}$ centré en E et de rayon d, puis nous prolongeons le segment EP' pour déceler son point d'intersection G' avec le cercle $\mathcal{F}$. La tangente $\mathcal{T}'$ est la médiatrice du segment de droite FG'.

Le cercle majeur

Cette section expose une autre méthode permettant de trouver les tangentes à une ellipse – la construction d'une tangente ayant une direction prescrite.

Le cercle *majeur* d'une ellipse est le cercle dont le centre coïncide avec celui de l'ellipse et dont le rayon est égal à son demi-grand axe – par exemple, $\mathcal{M}$ dans la Figure 7.5a. On inscrit le rectangle STUV dans le cercle $\mathcal{M}$ de la manière suivante. On dessine d'abord une droite quelconque non horizontale passant par le foyer F et coupant $\mathcal{M}$ aux points S et T. Le segment UV s'obtient en tournant ST de 180° par rapport au centre O, ce qui complète le rectangle STUV. Grâce à la symétrie de cette construction, les segments FS et FT sont respectivement égaux en longueur à UE et EV.

Le rectangle STUV possède un couple de propriétés remarquables détaillées dans les Propositions 7.3 et 7.4, lesquelles se réfèrent à la Figure 7.5a. La Figure 7.5b contient des constructions additionnelles qui seront invoquées dans la démonstration.

Proposition 7.3. *Les droites* VS *et* UT *sont tangentes à l'ellipse*[2] $\mathcal{E}$.

Démonstration. La Figure 7.5b contient des ajouts par rapport à la Figure 7.5a. $\mathcal{F}$ est un arc du cercle focal centré en E et de rayon $2a$, où a est le demi-grand axe de l'ellipse $\mathcal{E}$. Le prolongement du segment ST coupe $\mathcal{F}$ aux points G et H. Les segments EG et EH sont respectivement sécants à l'ellipse aux points P et Q. Les segments FP et PG sont de même longueur – en fait, celle-ci est égale à $2a - \overline{\text{EP}}$. Le segment PS est perpendiculaire à FS parce que STUV est un rectangle. De surcroît, PS est la hauteur du triangle isocèle $\triangle$FPG. Il s'ensuit que SP coupe FG perpendiculairement à son milieu. De la discussion sur le cercle focal dans la section précédente, on en déduit que SV est tangent à l'ellipse $\mathcal{E}$ au point P, et, de manière analogue, TU est tangent à $\mathcal{E}$ au point Q. □

La Proposition 7.3 résout le Problème 7.2 consistant à construire des tangentes ayant une direction déterminée, mis à part le cas trivial où la direction donnée est verticale, traité comme suit. Dans la Figure 7.5a, on choisit le segment SFT de sorte qu'il soit *perpendiculaire* à la direction prescrite. Alors SV et TU sont les tangentes cherchées à l'ellipse $\mathcal{E}$.

La proposition suivante, qui se réfère à nouveau à la Figure 7.5a, sera évoquée plus loin, dans la démonstration de la Proposition 10.4.

Proposition 7.4. *Soit $\mathcal{T}$ une tangente à une ellipse $\mathcal{E}$ de foyers* E *et* F, *et soient s et q les distances respectives des foyers* E *et* F, *à la droite $\mathcal{T}$.* Alors le produit *sq est égal à b^2, où b est le* demi-petit axe *de l'ellipse.*

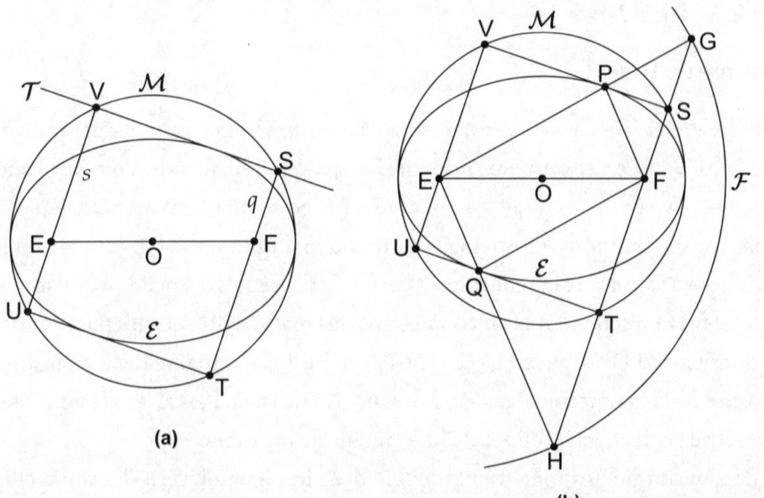

Figure 7.5 Cercle majeur $\mathcal{M}$ et son rectangle inscrit STUV.

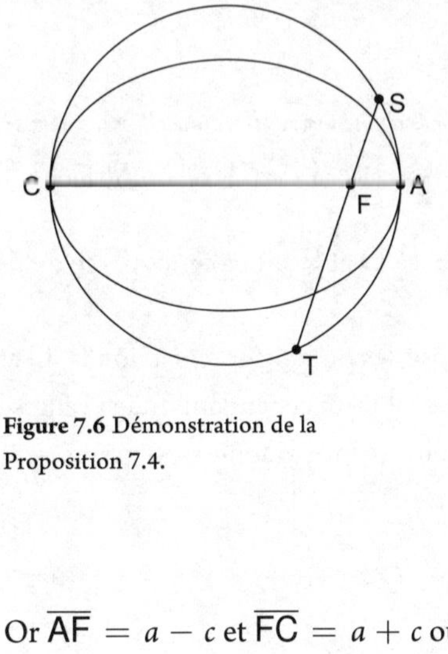

Figure 7.6 Démonstration de la Proposition 7.4.

La démonstration de cette proposition découle d'un théorème fondamental de la géométrie plane :

Théorème 7.1. Si deux cordes dans un cercle se croisent, les produits des longueurs de leurs segments sont égaux.

Démonstration de la Proposition 7.4. En se fondant sur la Figure 7.5a, puisque $s = \overline{\mathsf{EV}} = \overline{\mathsf{TF}}$, il suffit de montrer que $\overline{\mathsf{TF}} \cdot \overline{\mathsf{SF}} = b^2$. D'après la Figure 7.6 et selon le Théorème 7.1,

$$\overline{\mathsf{SF}} \cdot \overline{\mathsf{FT}} = \overline{\mathsf{AF}} \cdot \overline{\mathsf{FC}}. \tag{7.1}$$

Or $\overline{\mathsf{AF}} = a - c$ et $\overline{\mathsf{FC}} = a + c$ où a représente le demi-grand axe et c est la demi-distance focale. Par conséquent, le membre de droite de l'équation (7.1) est égal à

$$(a + c)(a - c) = a^2 - c^2 = b^2$$

où b est le demi-petit axe de l'ellipse. □

La section qui suit expose, sans en donner les démonstrations, deux propriétés merveilleuses de l'ellipse.

7.2. DEUX PERLES

Le théorème de Pascal

Le mathématicien français Blaise Pascal (1623–1662) était un enfant prodige. Il naquit dans une famille aisée et son père, Étienne Pascal, qui veillait avec soin sur l'éducation de Blaise, décida que son fils n'aurait aucun contact avec les mathématiques avant quinze ans ; il retira par conséquent tous les ouvrages de mathématiques de sa bibliothèque. Néanmoins, Blaise transgressa sa volonté et redécouvrit certains théorèmes d'Euclide à douze ans. Son père s'inclina, et il fut rapidement mis en contact avec les mathématiciens les plus éminents de son époque, dont Girard Desargues (1591–1661) qui initia le domaine de la *géométrie projective*, une extension de la géométrie plane euclidienne. À seize ans, Pascal leva le voile sur une perle de la géométrie projective. Il l'appela « l'hexagramme mystique ».

Pascal découvrit une propriété remarquable d'un hexagone inscrit dans une ellipse. Toute disposition de six points sur une ellipse forme un hexagone digne de ce nom, même si les côtés se coupent, comme dans la Figure 7.7a. Le théorème de Pascal a trait aux côtés *opposés* d'un tel hexagone. Dans la Figure 7.7a, les trois paires de côtés opposés sont (1) AB et DE, (2) BC et EF et (3) CD et FA.

Théorème 7.2 (L'hexagramme mystique de Pascal). *Pour tout hexagone inscrit dans une ellipse, soient* P, Q *et* R *les points d'intersection de chacune des trois paires de côtés opposés, alors* P, Q *et* R *sont alignés.*

Par exemple, dans la Figure 7.7a, les points d'intersection P, Q et R sont alignés parce qu'ils sont situés sur la droite $\mathcal{L}$.

La Figure 7.7b montre que si la courbe n'est pas une ellipse, les points d'intersection P, Q et R ne sont pas nécessairement alignés. Le théorème de Pascal reste cependant vrai si l'ellipse est remplacée par une autre section conique – une hyperbole ou une parabole – voir même par

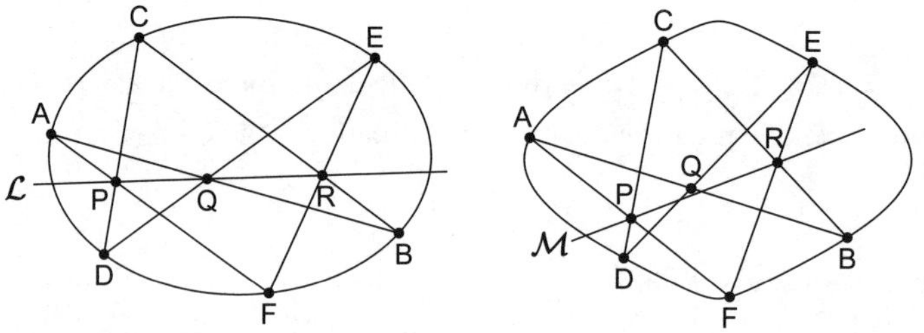

(a) Ellipse. La droite $\mathcal{L}$ contient les points P, Q et R.

(b) Différent de l'ellipse. La droite $\mathcal{M}$ contient les points P et R mais pas le point Q.

Figure 7.7 Théorème de Pascal. Les côtés opposés d'un hexagone inscrit dans une ellipse doivent se couper en des points alignés. Dans les figures ci-dessus, les côtés opposés de l'hexagone ABCDEF se coupent comme suit : (1) AB et DE se coupent en Q, (2) BC et EF se coupent en R, et (3) CD et FA se coupent en P. Le théorème affirme que si la courbe est une ellipse, comme en (a), P, Q et R sont alignés car la droite $\mathcal{L}$ contient ces trois points. Puisque (b) ne représente pas une ellipse, le théorème de Pascal ne s'applique plus, et, en vérité, P, Q et R ne sont pas alignés.

une paire de droites.

La réciproque du théorème de Pascal est également vraie en ce sens : si une courbe possède la propriété que pour *tout* hexagone inscrit les intersections des côtés opposés sont alignés, alors cette courbe doit être une section conique – une ellipse, une parabole ou une hyperbole – ou une paire de droites (une section conique dégénérée).

Le théorème de Brianchon

La *dualité* est un concept qui permet de distinguer la géométrie projective de la géométrie plane euclidienne classique. Grosso modo, toute proposition générale vraie en géométrie projective le reste même si les termes « point » et « droite » sont (judicieusement) intervertis. Les points d'une courbe deviennent ses tangentes, et les points alignés deviennent des droites concourantes. En suivant ce principe, nous pouvons attendre une telle transformation du théorème de Pascal. Cependant, il fallut attendre longtemps – presque deux-cents ans – pour mettre la main sur son avatar. Le dual du théorème de Pascal fut énoncé en 1806 par un jeune mathématicien français, Charles Julien Brianchon (1783–1864).

Voici comment le théorème de Pascal doit être remanié pour devenir le théorème de Brianchon :

(~~L'hexagramme mystique de Pascal~~ *Le théorème de Brianchon.*) Pour tout hexagone ~~inscrit dans~~ *circonscrit à* une ellipse, soient ~~P, Q et R~~ $\mathcal{L}$, $\mathcal{M}$ *et* $\mathcal{N}$ les ~~points d'intersection de~~ *droites contenant* chacune des trois paires de ~~côtés~~ *sommets* opposés, alors ~~P, Q et R~~ $\mathcal{L}$, $\mathcal{M}$ *et* $\mathcal{N}$ sont ~~alignés~~ *concourantes*. Si nous remettons tout cela au propre, nous obtenons ce qui suit :

Théorème 7.3 (Le théorème de Brianchon.). *Pour tout hexagone circonscrit à une ellipse, soient $\mathcal{L}$, $\mathcal{M}$, et $\mathcal{N}$ les droites contenant chacune des trois paires de sommets opposés, alors $\mathcal{L}$, $\mathcal{M}$, et $\mathcal{N}$ sont concourantes.*

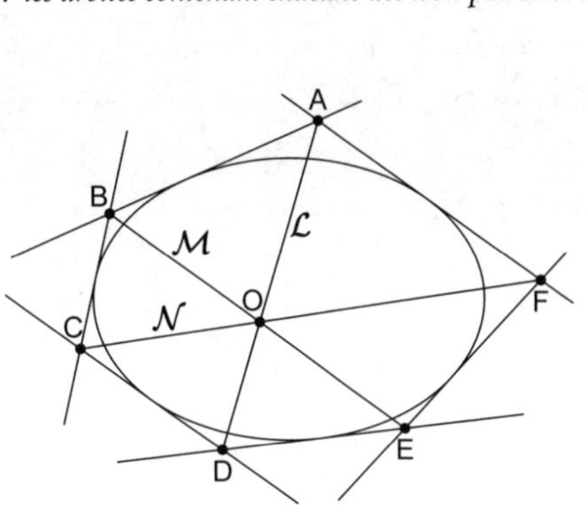

Figure 7.8 Théorème de Brianchon.

La Figure 7.8 confirme le théorème de Brianchon. La courbe est une ellipse, et les droites $\mathcal{L}$, $\mathcal{M}$ et $\mathcal{N}$ sont effectivement concourantes au point O.

Infini

Un hexagone régulier inscrit dans un cercle, comme l'indique la Figure 7.9, s'avère être une exception au théorème de Pascal car des côtés opposés – AF et CD, par exemple – sont parallèles et leurs prolongements ne se coupent jamais. La géométrie projective prend bien soin de se prémunir contre ces cas particuliers en définissant ce qu'est *une droite à l'infini*. Chaque droite ordinaire est affublée d'un point supplémentaire situé à l'infini. Par définition, les droites parallèles partagent le même point à l'infini et celles non parallèles possèdent des points distincts à l'infini. Ainsi, chacune des trois paires de côtés opposés de l'hexagone régulier de la Figure 7.9 se coupe en un point distinct situé sur la droite à l'infini. Autrement dit, cette dernière joue le rôle de la droite $\mathcal{L}$ de la Figure 7.7a.

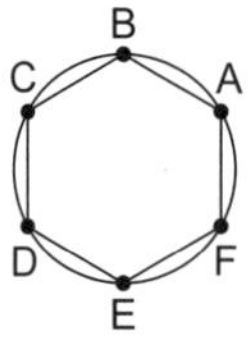

Figure 7.9

L'infini en géométrie projective est une construction intellectuelle, et non une hypothèse. Il est introduit, non pour se conformer à la « réalité », mais pour parachever de manière satisfaisante une théorie géométrique. L'infini en mathématiques n'a rien à voir avec l'immensité de l'Univers.

Les mathématiques modèlent le concept d'infini pour s'adapter au contexte géométrique. Nous avons une théorie différente du plan bidimensionnel, le *plan complexe,* dans laquelle il n'existe qu'*un seul* point à l'infini. Il n'en ressort aucune confusion : le plan complexe n'interfère pas avec le plan projectif.

7.3. SUR LA PISTE DES PLANÈTES

Le problème le plus ardu pour les premiers astronomes consistait à déduire la position en trois dimensions d'une planète à partir des observations bidimensionnelles telles que l'azimut et l'élévation (voir la Section 2.2). Cette difficulté sera détaillée dans la Section 8.2 du prochain chapitre. La présente section présuppose que cet écueil ait été levé et discute du problème suivant :

Problème. Supposez que vous ayez trouvé les coordonnées en trois dimensions d'une planète pour un petit nombre d'observations. Sa trajectoire est-elle un cercle ou une ellipse ? Si possible, précisez quel est ce cercle ou cette ellipse.

Bien évidemment, aucune alternative n'est possible si les points observés n'appartiennent pas au même plan. Il existe un arsenal statistique sophistiqué prenant en compte les erreurs liées à l'observation. Sur un plan plus fondamental, les deux propositions suivantes procurent des solutions élémentaires au problème :

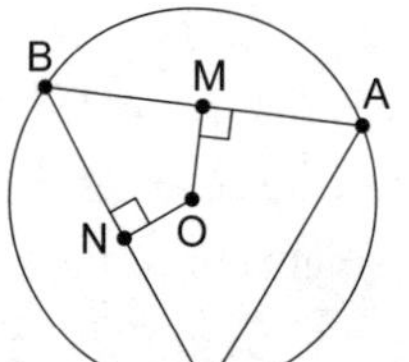

Figure 7.10 Cercle circonscrit.

Proposition 7.5. Étant donné trois points non alignés, il existe exactement un cercle passant par eux.

La Figure 7.10 révèle cette construction géométrique. Le triangle $\triangle ABC$ détermine un *cercle circonscrit.* Le centre O de ce cercle est l'intersection des médiatrices (les droites coupant les côtés à angle droit en leur milieu) de deux côtés quelconques du triangle $\triangle ABC$.

Proposition 7.6. Étant donné cinq points dans un plan, dont aucun triplet n'est aligné, il existe exactement une section conique (ellipse, parabole ou hyperbole) passant par eux.

En réalité, si l'on se donne ces cinq points, tout autre point de la section conique peut être construit géométriquement à l'aide de l'hexagramme mystique de Pascal (Figure 7.7a). Cette construction est indiquée, pas à pas, dans la Figure 7.11. Les cinq points donnés sont A, B, C, D et E. On explicite ci-dessous la construction géométrique permettant de localiser un sixième point F de sorte que ABCDEF soit un hexagramme mystique.

La première étape (Figure 7.11a) consiste à dessiner autant que possible l'hexagramme en omettant le sommet inconnu F. Le résultat révèle la ligne brisée ABCDE. Du coup, AB et DE seront des côtés opposés de l'hexagramme complet, et nous notons Q leur intersection.

La deuxième étape (Figure 7.11b) consiste à tracer une droite *quelconque* $\mathcal{L}$ passant par Q. Imaginez que $\mathcal{L}$ soit suspendue au point Q : le fait qu'elle soit arbitraire procure une multitude de choix possibles pour F. Dans les Figures 7.11b et c, les lignes pointillées et les points creux représentent les droites et les points qui dépendent du choix arbitraire de la droite $\mathcal{L}$. On note respectivement P et R les intersections de $\mathcal{L}$ avec les segments CD et CB.

La dernière étape (Figure 7.11c) consiste à dessiner deux droites passant par AP et ER. Le point F est l'intersection de ces deux droites. Ainsi, ABCDEF est un hexagramme mystique parce que les paires de côtés opposés se coupent aux points alignés P, Q et R. En vertu de la réciproque du théorème de Pascal, les points ABCDEF doivent se trouver sur une section conique.

L'enseignement de cette section a trait aux applications astronomiques suivantes. Si vous pensez (à tort) qu'une orbite planétaire est circulaire, alors la connaissance de trois des positions de la planète suffit à déterminer le centre et le rayon du cercle. À l'inverse, si vous êtes persuadé (à juste titre) que cette orbite est elliptique, alors la connaissance de cinq positions

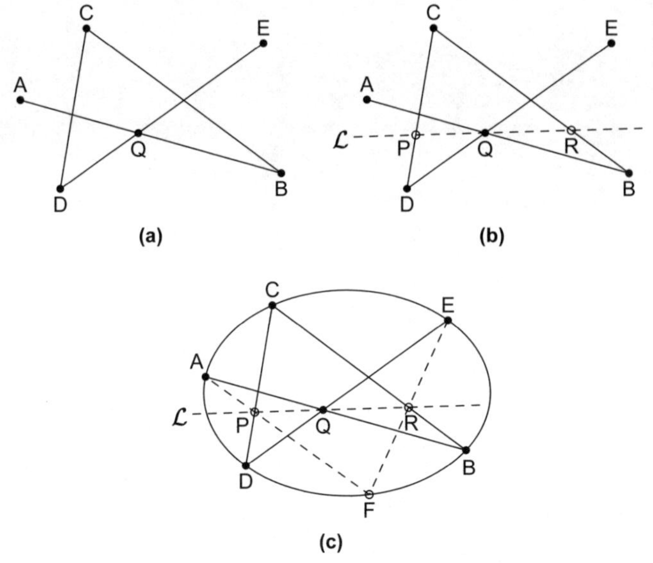

Figure 7.11 Cinq points déterminent une section conique.

est nécessaire pour déterminer complètement l'ellipse[3].

Ce chapitre a donné un aperçu de toute la richesse mathématique de l'ellipse et a présenté les résultats qui seront ultérieurement nécessaires. En tant que modèle des orbites planétaires, l'ellipse a supplanté le cercle assez rudimentaire et rafistolé des astronomes de l'Antiquité. Le prochain chapitre est l'apothéose de notre récit – comment Kepler parvint à déchoir le cercle de son rang central imposé par Platon, et à indiquer à Newton la voie à suivre pour découvrir la loi de la gravitation universelle.

8

MARS DÉCLARE LA GUERRE

« Seul Mars nous permet de pénétrer les secrets de l'Astronomie qui autrement nous demeureraient toujours cachés. »

Johannes Kepler, *Astronomia nova* (1609)

Depuis l'Antiquité, on observait que les étoiles fixes effectuaient invariablement un mouvement circulaire autour des pôles célestes. Cependant, en consignant quotidiennement les positions de Mars et des autres planètes, nous mettions en exergue des violations flagrantes à ce modèle – tout en conservant une certaine régularité sous-jacente.

Se jouant des astronomes grecs de l'Antiquité, les planètes déguisaient la complexité de leur mouvement sous une simplicité fallacieuse. Ces astronomes mordirent à l'hameçon et élaborèrent d'élégantes théories, mais les planètes se moquèrent de leurs efforts en ne s'écartant que subtilement de leurs prédictions. La véritable nature des planètes aurait pu demeurer cachée pour toujours sans l'effronterie de Mars. Car ce fut Mars qui focalisa tous les regards avec ses cabrioles intrépides – exagérant les mouvements que les autres minimisaient. *Je suis là, regarde moi !*

Mars prodiguait des exceptions affligeantes et embarrassantes, ce qui contraignit les astronomes antiques à rapiécer leurs théories d'expédients provisoires. Du coup, Mars fit l'objet d'une campagne exhaustive de mesures et de calculs. Vers 1600, Johannes Kepler prit part à la guerre déclenchée par cette planète : il échafauda une offensive occasionnant six années d'études et un millier de pages de calculs, puis Mars livra finalement tous ses secrets.

Kepler s'acquitta de cette tâche que lui avait assignée Tycho Brahe, dont il était l'assistant.

8.1. TYCHO BRAHE

Tycho est né en 1546 dans une famille noble danoise. Il entra à l'université de Copenhague à l'âge précoce de treize ans puis étudia ensuite dans les universités de Wittenberg et de Rostock en Allemagne. Il se fascina pour l'astronomie, au grand désespoir de sa famille qui le destinait à devenir avocat ou diplomate. En 1576, le roi Frédéric II du Danemark offrit à Tycho l'île de Ven près du château de Hamlet à Elseneur, où Tycho fit construire un observatoire astronomique qu'il baptisa Uraniborg, en l'honneur d'Uranie, la déesse des cieux. Tycho se chargea de l'éducation de sa cadette Sophia (1556–1643) qui l'assista dans ses observations astronomiques. Elle fut elle-même une illustre astronome, horticultrice et historienne.

Tycho, personnalité nantie, avait sous sa coupe une importante équipe pour l'assister dans ses observations astronomiques. La Figure 8.1 montre Tycho avec quelques-uns de ses assistants. Même s'il utilisait généralement un sextant portable, l'instrument astronomique le plus impressionnant à Uraniborg était un quadrant colossal construit dans une direction Nord-Sud orientée avec soin. Cet appareil était employé pour mesurer l'angle selon lequel une étoile ou une planète dans le ciel traversait le méridien – le grand cercle passant par les pôles Nord et Sud célestes et le zénith local. Pour compléter chaque observation, une horloge était nécessaire afin de déterminer non seulement l'angle mais également le temps de transit. Le quadrant mural de Tycho pouvait mesurer des angles à la précision d'une minute d'arc. (Soixante minutes équivalent à un degré. La largeur de la pleine lune recouvre environ trente minutes d'arc.) La Figure 8.1 révèle ce quadrant surmonté d'une peinture murale de Tycho et de scènes d'activités à Uraniborg : Tycho montre du doigt une ouverture dans le plafond par laquelle les observations étaient réalisées. À droite, nous voyons un observateur, probablement Tycho lui-même, notant un angle de transit. Dessous, un assistant lit l'horloge et un autre consigne les données. La mesure précise du temps était un élément essentiel de l'observation. Les horloges mécaniques fiables n'étaient pas disponibles à l'époque de Tycho, mais le mouvement des étoiles fixes procuraient une référence temporelle suffisamment exacte.

Tycho s'attira les foudres du roi Christian IV en abusant des occupants de son île, et quitta finalement Ven en 1597. Grâce au mécénat de Rodolphe II du Saint-Empire romain germanique, à qui il produisait des prévisions astrologiques, il fonda un autre observatoire dans un palais près de Prague. Il eut là la chance inespérée d'enrôler deux concepteurs talentueux d'instruments scientifiques : Jost Bürgi (1552–1631) et Erasmus Habermel (1538–1606). Bürgi et Habermel construisaient des instruments astronomiques de très grande qualité pour Tycho. Bürgi était notamment un horloger doué qui inventa l'aiguille des minutes en 1577.

Tycho n'était pas copernicien, son système planétaire postulait que :

1. La Terre est immobile.
2. Le Soleil gravite autour de la Terre.
3. Les planètes tournent autour du Soleil.

Les systèmes copernicien et tychonique différaient principalement par leur choix du référentiel. Le système tychonique décrivait essentiellement le même mouvement, avec la Terre en position fixe, que celui copernicien avec le Soleil immobile. Le dernier offrait l'avantage d'une plus grande simplicité, et c'est ce modèle qui ouvrit la voie à la loi de la gravitation universelle de Newton.

En 1600, Tycho reçut une copie d'une œuvre astronomique intitulée *Le secret du monde*, écrite par un jeune astronome nommé Johannes Kepler. Ce livre contenait, entre autres, la théorie de Kepler selon laquelle l'espacement entre les planètes s'expliquait par une construction basée sur les cinq polyèdres réguliers, les solides de Platon – le tétraèdre, le cube,

Figure 8.1 Quadrant mural de Tycho Brahe à Uraniborg. Tiré de son ouvrage de 1598, *Astronomiae Instauratae Mechanica* (« Mécanique de l'astronomie rénovée »).

l'octaèdre, le dodécaèdre et l'icosaèdre. Il se trouvait que Tycho était à la recherche d'un assistant mathématicien, et Kepler décrocha le poste.

Tycho décéda en 1601. La rumeur dit qu'il mourut d'un éclatement de la vessie pour avoir refusé, par politesse, de s'éclipser lors d'un dîner afin de se soulager. Cependant, un examen des restes exhumés de sa barbe suggéra en 1991 qu'il fut victime d'un empoisonnement au mercure ingéré à peu près un jour avant sa mort.

À la mort de Tycho, Kepler fut nommé mathématicien impérial à Prague par l'empereur Rodolphe II. Même si ce dernier s'intéressait plus particulièrement aux prévisions astrologiques, Kepler fit sous sa tutelle des découvertes qui changèrent radicalement la face de l'astronomie.

8.2. KEPLER

Kepler s'attachait avec zèle au système copernicien, qu'il avait appris par Michael Maestlin (1550–1631), son mentor à l'université de Tübingen. Par contre, Tycho proposait, contrairement à Copernic, que le Soleil gravite autour de la Terre et que les planètes tournent autour du Soleil. Le grand mérite de Tycho a été de reconnaître le talent de Kepler et de le prendre à son service en 1600 même s'ils étaient en désaccord sur les questions fondamentales.

Tycho demanda à Kepler d'interpréter vingt années de ses observations méticuleuses sur la planète Mars. Se plongeant dans la vaste collection de données de Tycho, Kepler fut absorbé durant six ans et produisit des centaines de pages de calculs. Il appela cette période sa « guerre avec Mars ».

Kepler manifestait tout au long de ce labeur une conviction dans l'héliocentrisme fondée sur la théologie. Il était fermement persuadé que Dieu avait façonné l'Univers selon un plan mathématique : son obsession consistait à appréhender autant que possible ce plan. Il croyait que Dieu avait créé le Soleil, non seulement source de chaleur et de lumière, mais également puissance motrice des planètes. Bien entendu, l'explication complète de cette puissance motrice devait attendre la théorie de la dynamique de Newton.

En fin de compte, Kepler positionna le centre du Système solaire exactement au Soleil[1], au lieu de suivre Copernic qui l'avait placé en un point *proche* mais ne coïncidant pas exactement avec notre astre. Kepler étaya cette idée en affirmant que ses théories, contrairement à celles de Copernic, étaient « physiques » et non simplement « mathématiques ».

Mars constituait un excellent choix d'étude minutieuse pour Kepler. Cette planète supérieure s'observe facilement : les planètes inférieures, Vénus et Mercure, sont souvent masquées par l'éblouissement du Soleil, particulièrement dans les phases rétrogrades, alors que Mars ne manifeste pas cet inconvénient. Il exhibe un mouvement plus rapide que Jupiter ou Saturne. Néanmoins, Mars possède une vertu qui va bien au-delà de la facilité d'observation : il diverge plus fortement du comportement prédit par le modèle déférent-épicycle que toute autre planète excepté Mercure.

Kepler tira parti des données de Tycho pour réaliser des bonds en avant considérables dans la compréhension du Système solaire. Il lui devint clair que les théories existantes du mouvement des planètes, dont celles de Copernic, étaient incompatibles avec ces données. Ainsi, Kepler profita de l'aptitude de Tycho à mesurer des angles à la précision de ± 1 minute d'arc pour s'apercevoir que le degré de discordance était imperceptible – de l'ordre de quatre minutes d'arc.

Les circonstances suivantes ont rendu possible les progrès de Kepler :

1. Le dévouement de Tycho pour l'observation et la mesure du mouvement des planètes. Il utilisait les instruments astronomiques les plus précis à sa disposition et fit des inventaires exhaustifs durant de nombreuses années.
2. La faculté des assistants de Tycho, Jost Bürgi et Erasmus Habermel, à concevoir des dispositifs de mesure de la position des astres – bien avant l'invention du télescope – avec une précision de ± 1 minute d'arc.
3. L'obstination assidue de Kepler à étudier les données disponibles. Il passa six ans à examiner les relevés du mouvement de Mars et réalisa finalement que ceux-ci ne s'accordaient avec aucune théorie en place.
4. Enfin, l'emploi par Kepler de ses connaissances mathématiques pour réconcilier les données avec une théorie complètement inédite du mouvement planétaire.

Tycho mena des observations précises du mouvement des planètes. Ce sont les enregistrements de ces observations qui permirent à Kepler d'étayer l'idée de l'existence d'orbites *elliptiques*. Les trois lois de Kepler sur le mouvement elliptique des planètes préludaient à la découverte de Newton de la gravitation universelle – c'est-à-dire que le mouvement des planètes vérifie les mêmes lois dynamiques que celles que l'on expérimente sur une table de billard ou dans une pommeraie.

Kepler relata ses chroniques belliqueuses avec Mars en 1609 dans son livre *Astronomia nova*[2].

L'analyse des données de Tycho déchaîna une profusion de théories astronomiques dans le cerveau de Kepler. De ce tumulte émergèrent les trois lois de Kepler sur le mouvement des planètes (voir la Section 8.2), qui demeurent aujourd'hui des principes fondamentaux de l'astronomie planétaire. Kepler formula ses trois lois – pierres angulaires, par excellence, de la science – sans en donner toute la clarté et l'importance qu'elles méritent : les deux premières dans *Astronomia nova* puis, par la suite, la troisième loi dans *Harmonices Mundi* (1619) (« L'Harmonie du monde »).

Kepler était persuadé de la réalité physique du Système solaire héliocentrique de Copernic, et que ce n'était pas qu'un simple arrangement mathématique. Il devait désapprouver la forme précise de ses orbites mais acceptait l'évidence manifeste du voyage des planètes autour du Soleil sur des orbites périodiques. Par exemple, il était convaincu que Mars revienne exactement au même point de l'espace au bout de 687 jours environ. La Section 4.3 explique en quoi l'utilisation de la période synodique de Mars permet de calculer ce nombre, l'année martienne. Ptolémée connaissait cette valeur, mais elle correspondait selon lui à la période de rotation du centre d'un épicycle autour d'un déférent – un artifice purement mathématique.

Copernic proclamait que les planètes tournent autour d'un point proche, mais distinct, du Soleil. Les théories de Kepler s'en rapprochaient beaucoup, mais, après moult efforts, celui-ci montra que le Soleil est l'unique pâtre du Système solaire – que notre astre peut faire en sorte que les planètes restent sur leurs trajectoires sans une quelconque influence fantomatique.

L'hypothèse vicariante

L'*Astronomia nova* de Kepler, décrivant sa guerre contre Mars, discute de son premier modèle d'orbite martienne, qu'il baptisa l'*hypothèse vicariante*. Il usa rétrospectivement de l'épithète « vicariante ». En relatant ultérieurement ses recherches, il se mit en tête que cette hypothèse était vicariante car c'était un substitut à l'hypothèse exacte qu'il découvrit un peu plus tard. L'hypothèse vicariante est illustrée dans la Figure 8.2. Ce modèle était un cercle – l'équant de Ptolémée de la Section 4.5 – qu'on modifiait ainsi :

- La Terre T de la Figure 4.10 est remplacée par le Soleil S de la Figure 8.2.
- Le cercle représente l'orbite de Mars au lieu d'un déférent.
- Les distances $\overline{QC}$ et $\overline{CS}$ ne sont plus supposées égales. Dans le modèle de Kepler d'orbite martienne, le rapport de ces distances était déterminé de façon empirique.
- L'hypothèse vicariante de Kepler, en accord avec l'équant ptolémaïque de la Figure 4.10, suppose que le centre C de l'équant se situe sur la droite QS reliant le Soleil S au point équant Q.

Dans la Figure 8.2, en vertu de l'hypothèse vicariante, Mars (M) voyage sur une orbite circulaire centrée en C, et sa vitesse angulaire est constante par rapport au point équant Q. Kepler se donna la tâche effarante d'utiliser ce modèle pour calculer l'orbite de Mars d'après les données de Tycho. Kepler espérait utiliser ses observations sur Mars afin de trouver la position correcte du point équant Q et du Soleil S de la Figure 8.2. Sa première pierre d'achoppement soulignait que les observations de Tycho étaient faites depuis la Terre, or il avait besoin de relevés de Mars effectués depuis le *Soleil*. Ce problème fut résolu grâce aux localisations de Mars en *opposition* – un événement où les relevés de Mars depuis la Terre coïncident avec ceux réalisés depuis le Soleil (voir la Section 4.1). Kepler tira donc parti des données de Tycho relatives aux oppositions de Mars observées en 1587, 1591, 1593 et 1595.

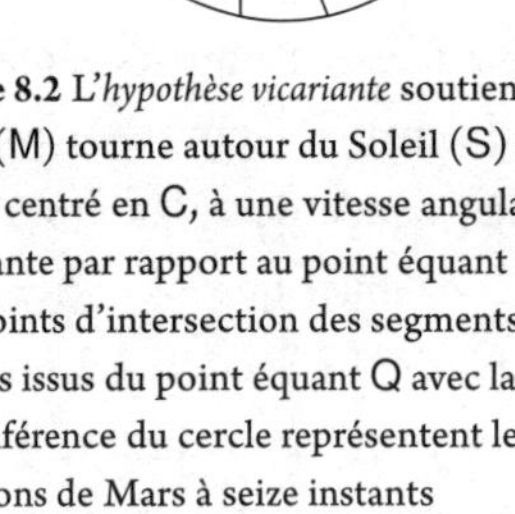

Figure 8.2 L'*hypothèse vicariante* soutient que Mars (M) tourne autour du Soleil (S) sur un cercle centré en C, à une vitesse angulaire constante par rapport au point équant Q. Les points d'intersection des segments de droites issus du point équant Q avec la circonférence du cercle représentent les positions de Mars à seize instants régulièrement espacés dans le temps. Le point M indique Mars à l'aphélie, le point où cette planète est la plus éloignée du Soleil.

Kepler utilisait deux types d'informations : l'*anomalie vraie* et l'*anomalie moyenne*. L'anomalie vraie est constituée de la longitude écliptique en chacune de ces oppositions – les données qu'enregistrait Tycho lors de ses observations de Mars. L'anomalie moyenne est la durée de l'observation se rapportant à la longitude à laquelle on aurait observé Mars si son mouvement était uniforme. Dans le modèle de l'équant, illustré dans la Figure 8.2, l'anomalie moyenne d'une observation est la longitude de Mars observée depuis le point équant Q – le point où sa vitesse angulaire est supposée constante.

La Figure 8.3 illustre le difficile problème que résolut Kepler pour découvrir l'orbite-équant qui s'ajustait au mieux aux quatre oppositions choisies de Mars. Cette figure, basée sur un croquis de l'*Astronomia Nova,* dévoile la méthode suivie par Kepler dans son utilisation des données des quatre oppositions. La Figure 8.3a révèle les directions longitudinales SM_1, SM_2, SM_3 et SM_4, les anomalies vraies de Mars en chacune des quatre oppositions, et la Figure 8.3b montre les anomalies moyennes correspondantes. Kepler mit au point une méthode d'approximations successives pour parvenir au résultat indiqué dans la Figure 8.3c, où la Figure 8.3a est superposée à la Figure 8.3b suivant une translation uniquement (pas de rotation) de sorte que les intersections des droites représentant les anomalies vraies et moyennes résident sur un cercle centré en C.

Ce problème peut être visualisé graphiquement comme suit :

- Faites une copie de la Figure 8.3a sur une feuille plastifiée transparente.
- Superposez cette feuille à la Figure 8.3b.
- Déplacez la feuille uniquement par translation (en préservant les directions horizontale et verticale) jusqu'à ce que les intersections de SM_1 avec QM_1, SM_2 avec QM_2, SM_3 avec QM_3 et SM_4 avec QM_4 forment quatre points situés sur un cercle dont le centre réside sur la droite SQ, comme l'indique la Figure 8.3c.

Si nous réussissons cette mission difficile, alors le cercle centré en C de la Figure 8.3c est un modèle de l'orbite de Mars en accord avec l'hypothèse vicariante, avec le Soleil en S et le point équant en Q.

Kepler découvrit une méthode fondée sur des approximations successives pour résoudre ce problème. Sa résolution exigeait des calculs laborieux, mais il mit la main sur une solution acceptable après avoir réalisé soixante-dix itérations de sa procédure numérique.

Remarquez que Kepler avait besoin pour cela d'au minimum *quatre* oppositions de Mars. Trois valeurs numériques ne suffisent pas car *n'importe quel* triplet de points non alignés

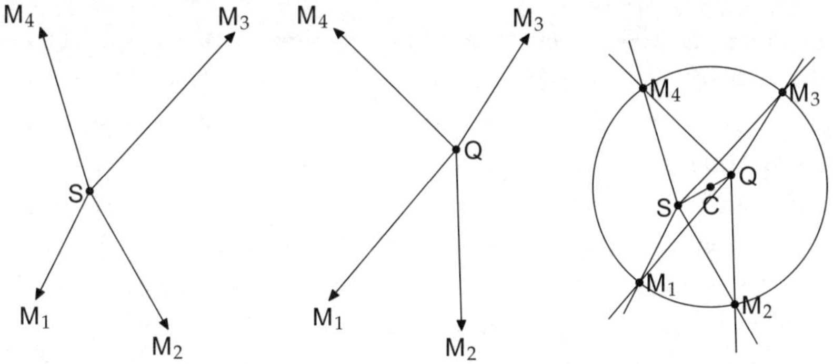

(a) Anomalies vraies. **(b)** Anomalies moyennes. **(c)** Calcul de l'orbite.

Figure 8.3 Hypothèse vicariante. Kepler utilisa quatre des observations de Tycho sur les oppositions de Mars pour évaluer son orbite circulaire centrée en C ainsi que les positions du Soleil (S) et du point équant (Q).

détermine un cercle.

Désormais, Kepler pouvait comparer les autres données de Tycho relatives aux observations de Mars avec les positions prédites par le modèle de l'équant. Il découvrit que ce modèle pouvait prédire de manière fiable la *longitude* à une minute d'arc près, l'épaisseur d'un crayon observé à une distance de deux mètres et demi – une marge d'erreur cohérente avec la précision des observations de Tycho.

Cependant, Kepler ne se satisfaisait pas de ce résultat car sa version de modèle d'équant ne concernait que la longitude. Il pensait que ce canevas ne pouvait avoir une signification physique que s'il procurait des valeurs fiables tant pour la longitude que pour la latitude. Kepler n'en démordit pas malgré que les astronomes avant lui, de Ptolémée à Copernic, se soient tous contentés de faire appel à des modèles mathématiques distincts pour la longitude et la latitude.

Kepler poursuivit avec la latitude en supposant, de manière correcte, que l'orbite de Mars se situe dans un plan contenant le Soleil et faisant un angle minuscule avec le plan correspondant pour l'orbite terrestre, c'est-à-dire le plan de l'écliptique. On sait dorénavant que cet angle, l'angle d'inclinaison de l'orbite de Mars, s'élève à $1,85061^\circ$. Kepler découvrit que le meilleur ajustement du modèle d'équant avec une orbite inclinée de Mars révélait un désaccord de huit minutes d'arc vis-à-vis de certaines données de Tycho. Or il savait que ces données ne pouvaient être erronées qu'à une minute d'arc tout au plus. Cette légère divergence de huit minutes d'arc était suffisante pour enjoindre Kepler à rejeter le modèle d'équant – c'est-à-dire, à rejeter l'hypothèse vicariante.

Kepler proposait désormais que l'orbite soit ovale et non circulaire. Son choix se fixa sur l'ellipse – une option qui s'avérait d'une exactitude merveilleuse.

Les trois lois de Kepler

« Kepler savait l'orbe non pas circulaire mais ovale, et il pressentit qu'il soit elliptique. »

Isaac Newton, *Lettre à Edmond Halley, 20 juin 1686.*

Dans cette phrase, Newton semble rabaisser la proposition de Kepler sur l'ellipticité des orbites à un simple pressentiment. Nous pourrions penser que Kepler a jeté son dévolu sur l'orbite elliptique parce que c'est une courbe ovale dont le niveau de complexité suit immédiatement celui du cercle, et qu'elle se conformait aux données. Mais à un certain moment, celui-ci a réalisé que l'ellipse rendait compte du mouvement planétaire d'une manière encore plus remarquable, comme l'indique la Figure 8.4. Si l'orbite de Mars est une ellipse où le Soleil occupe un des foyers, alors les données confirmaient que la droite joignant le Soleil à Mars balaie des aires égales en des temps égaux. C'est ainsi que les deux premières lois de Kepler virent le jour :

I. L'orbite d'une planète est une ellipse dont l'un des foyers est occupé par le Soleil.
II. Le segment joignant le Soleil à la planète balaie des aires égales en des temps égaux.

À première vue, on pourrait croire que la première loi de Kepler n'est qu'un exercice original d'ajustement de courbe, à l'image de ce qu'ont fait ses prédécesseurs, mais sa deuxième loi érige la proposition globale de Kepler – les deux première lois comme une seule et même assertion – à un nouveau degré de signification physique plus profonde. La deuxième loi ne se contente pas d'accentuer l'importance de la première – elle la met sur un piédestal. Comme nous le verrons dans la Section 10.2, Newton montrera que la deuxième loi de Kepler est un cas particulier d'un principe majeur de la dynamique, la *conservation du moment cinétique.*

Il est inimaginable que Kepler ait pu formuler ces lois sans les expérimenter délibérément, au préalable, avec les figures géométriques. Son ouvrage *Astronomia nova* présente un grand nombre de croquis géométriques complexes. Ces graphiques sont invoqués principalement pour ajuster les données de Tycho à la forme orbitale idoine.

Les trois lois de Kepler sur le mouvement des planètes sont le point d'orgue de sa découverte sur l'ellipticité des orbites. Ce n'est pas Kepler qui les appela « lois », mais les astronomes qui les ont, ultérieurement, largement corroborées par l'observation. Les lois de Kepler restent aujourd'hui le fondement de l'astronomie de position dans le Système solaire, et elles ont conduit Newton à sa loi de la gravitation universelle. Ce dernier les a disposées dans un cadre conceptuel qui semblait expliquer tout l'Univers. Kepler avait découvert les deux premières lois vers la fin de la rédaction de l'*Astronomia nova* (1609), la troisième, que nous présentons ci-dessous, n'apparaissant que dans un ouvrage ultérieur, *Harmonices mundi* (1619). Les trois lois de Kepler mirent fin à des siècles d'efforts ancestraux pour expliquer le mouvement des planètes par le truchement de compositions *ad hoc* de rotations circulaires uniformes.

Logarithmes

Dans sa lutte contre Mars (1600–1605), Kepler avait laborieusement effectué tous ses calculs arithmétiques à la main. Cette besogne aurait pu être grandement facilitée s'il avait fait usage des logarithmes – comme peuvent l'apprécier ceux d'entre nous qui ont achevé leurs études mathématiques avant 1970, l'année où les calculatrices ont remplacé les tables de logarithmes et les règles à calculer[3].

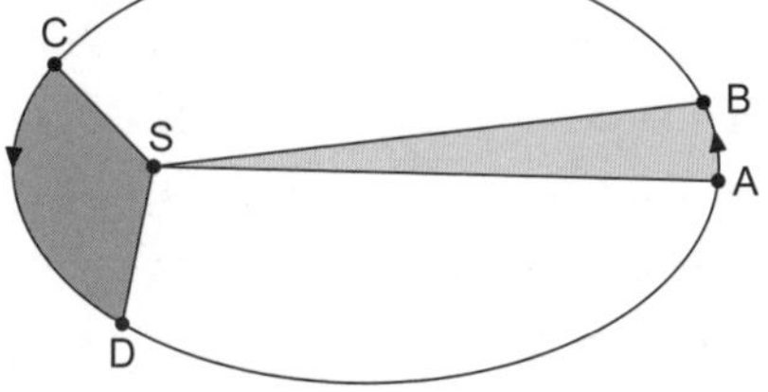

Figure 8.4 Première loi de Kepler : une planète gravite sur une orbite elliptique où le Soleil S est situé en l'un des foyers. Deuxième loi de Kepler : la planète voyage de A à B et de C à D en des temps égaux si, et seulement si, les aires des surfaces en gris clair et foncé sont égales.

Les logarithmes ont été inventés pendant les hostilités entre Mars et Kepler – simultanément par le mathématicien écossais John Napier (1550–1617), et, ironie du sort, par un collègue de Kepler à l'observatoire de Prague, Jost Bürgi. Napier publia ses tables en 1614 et Bürgi en 1620. Henry Briggs (1561–1630) édita en 1617, avec l'aide de Napier, une table des logarithmes en base 10. Les tables de Briggs furent unanimement adoptées comme outil de référence pour le calcul.

Kepler fut ravi de s'initier aux logarithmes grâce à la publication de Napier, et non celle, malheureusement, de son associé Bürgi : « Un prophète n'est méprisé que dans sa patrie et sa propre maison[4] ». Lorsque Kepler maîtrisa les logarithmes, il les utilisa dans ses calculs et fut même réprimandé par son mentor, Michael Maestlin, pour avoir emprunté des raccourcis incongrus. En 1624, Kepler publia sa propre table de logarithmes à huit chiffres. Il en fit un usage intensif dans le calcul de ses *Tables rudolphines* (1627), les tables astronomiques les plus précises à l'époque de leur publication.

La troisième loi de Kepler

Le 8 mars 1618, Kepler découvrit sa troisième loi. Cet événement, l'instant précis de cet éclair de génie, est relaté dans *Harmonices mundi*. Il ne descendit pas dénudé dans la rue en criant « Eurêka ! » – comme le fit Archimède en découvrant la poussée éponyme. Il nous arrive parfois d'avoir un moment d'inspiration, mais dans le cas de Kepler, le sien survint après une grande immersion dans l'étude et l'expérimentation phénoménologique. Voici comment s'exprime la troisième loi de Kepler sur le mouvement des planètes :

III. Le rapport des carrés des périodes de deux planètes quelconques est égal au rapport des cubes de leurs distances moyennes au Soleil.

Kepler formula sa troisième loi sous cette forme, mais il pêchait d'une certaine imprécision. Il n'y a pas de sens à évoquer la distance moyenne au Soleil sans préciser s'il s'agit d'une moyenne par rapport à la distance, au temps, ou toute autre variable. Pour une orbite elliptique, il est possible de définir la moyenne de différentes manières, ce qui influe sur le résultat. En toute honnêteté vis-à-vis de Kepler, il est vrai que pour des orbites elliptiques quasi circulaires ces moyennes sont proches, et que ce type de détail était hors de portée des mathématiques de l'époque de Kepler. Si nous définissons cette moyenne d'une manière assez compliquée, nous en arrivons à considérer le demi-grand axe (voir la Figure 7.1b) de l'orbite elliptique de la planète. En substituant « distance moyenne » par « demi-grand axe », nous obtenons une forme plus significative de la troisième loi de Kepler, pouvant ainsi être vérifiée avec la précision des instruments modernes :

III'. Le rapport des carrés des périodes de deux planètes quelconques est égal au rapport des cubes des demi-grands axes de leurs orbites elliptiques autour du Soleil.

Les données planétaires ayant trait à la troisième loi de Kepler, les périodes de révolution et les distances moyennes au Soleil, étaient connues de Copernic et même de Ptolémée qui les savait reliées aux vitesses de rotation et aux rayons des déférents et des épicycles.

La troisième loi de Kepler peut être considérée à la lumière du logarithme des données astronomiques. Celle-ci devient évidente si nous traçons sur un graphique à deux échelles logarithmiques les périodes des planètes (en années) en fonction de leurs distances moyennes au Soleil (en unités astronomiques), comme indiqué dans la Figure 8.5a. Kepler ne disposait pas de cet outil graphique. En vérité, notre usage dorénavant largement répandu des graphes pour analyser les données numériques est une grande innovation du XXe siècle. Sans ces outils, le problème est nettement plus ardu mais pas insurmontable[5].

Dans la Figure 8.5a, une droite relie les points issus des données de manière parfaite. Sur un graphique à deux échelles logarithmiques, une ligne droite est la manifestation de l'existence d'une *loi de puissance* – une relation entre la variable horizontale x et celle verticale y de la forme $y = kx^r$ pour des constantes convenablement choisies k et r. Autrement dit, tous les points (x, y) d'une telle droite doivent vérifier l'équation $y = kx^r$. Par conséquent, un graphique à deux échelles logarithmiques est le test idéal pour déterminer si les données convergent vers une loi de puissance. Dans la Figure 8.5b, on indique quelques droites ainsi que les formules qui les engendrent, et la droite épaisse est identique à la diagonale de la Figure 8.5a, décrivant la relation entre les périodes et les distances planétaires. Soit R la distance moyenne au Soleil en UA et T la période en années, la Figure 8.5a révèle une relation $R = T^{2/3}$, qui est équivalente à la troisième loi de Kepler. Il s'avère que la constante de proportionnalité équivaut à 1 du fait du choix des unités (UA et années).

La troisième loi de Kepler a été obtenue de manière empirique, en recherchant une certaine régularité dans les données. Kepler y voyait une harmonie musicale – le fait que la relation entre la distance moyenne et la période d'une planète était analogue à celle entre la longueur d'une corde vibrante et la hauteur de la tonalité produite[6].

La troisième loi de Kepler est le fruit de nombreuses années d'études sur ce problème. Aujourd'hui, nous la considérons comme une solution brillante et correcte à une question extrêmement difficile.

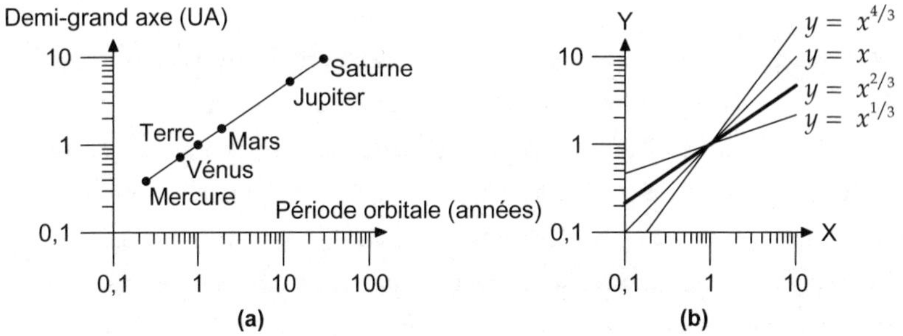

Figure 8.5

Comme nous le verrons, Newton a montré que sa loi de la gravitation universelle fournit une explication merveilleuse des trois lois de Kepler.

Il est intéressant de comparer la troisième loi de Kepler à une explication de la répartition des distances planétaires, dérivée de manière empirique, connue sous le nom de *loi de Bode*, une théorie qui attend toujours d'être validée ou réfutée.

La loi de Bode

En vérité, la loi de Bode fut découverte en 1766 par Johann Daniel Titius et publiée par la suite, sans le citer, en 1772 par Johann Elert Bode. C'est ainsi que la loi de Bode devrait être appelée loi de Titius.

La loi de Bode affirme que les distances moyennes des planètes au Soleil sont approximativement égales à $0,4 + 0,3 \times 2^k$ UA, où k prend les valeurs $-\infty, 0, 1, 2\ldots$ Les planètes allant jusqu'à Uranus se conforment à la loi de Bode à 5 % près (Neptune s'en écarte d'environ 25 %). Lorsque la loi de Bode fut formulée pour la première fois, nous ne connaissions ni la ceinture d'astéroïdes, ni les planètes au-delà de Saturne. À l'origine, le degré $k = 3$ devait être omis, et Jupiter se vit attribuer le nombre 4. De manière admirable, l'astéroïde Cérès fut découvert et combla cette lacune $k = 3$ avec une erreur d'environ 1 %. La planète Uranus fut découverte, et sa distance au Soleil concordait à 2 % près avec la prédiction de la loi de Bode. Celle-ci somnole désormais dans des limbes scientifiques en attendant son ultime jugement.

Les trois lois de Kepler peuvent être vérifiées avec beaucoup plus de précision que celle de Bode, mais ce n'est pas pour cette raison qu'on les considère comme une découverte majeure et qu'on accorde à la loi de Bode une moindre importance. Lorsque les lois de Kepler furent découvertes, elles revêtaient le même défaut que la loi de Bode aujourd'hui : elles n'avaient aucune justification fondée sur des principes fondamentaux de la physique. Ce fut Newton qui les érigea au rang suprême où elles reposent aujourd'hui.

Les trois lois de Kepler marquent l'avènement de l'astronomie en tant que science physique *moderne*. Avant Kepler, chaque planète réclamait une théorie mathématique cousue sur mesure – un équant par-ci, un excentrique par-là, un couple d'al-Tusi ici, un épicycle supplémentaire là. La science moderne aspire à la plus grande généralité. Aujourd'hui, la physique possède une méthode différente pour s'accommoder des variations individuelles. Désormais, le paradigme standard de la physique mathématique s'articule en deux parties :

1. **Une relation générale** telle que les trois lois de Kepler sur le mouvement des planètes. Aujourd'hui, on la rencontre souvent sous la forme d'une ou plusieurs *équations différentielles* – des équations mettant en jeu des quantités et leurs *taux de variation*. Newton a découvert une telle généralisation des trois lois de Kepler qui décrit non seulement la chute d'une pomme et le mouvement des planètes, mais également la dynamique du cosmos tout entier.
2. **Des occurrences en particulier** sont précisées par des *conditions initiales* ou des *conditions aux limites*. Par exemple, une condition initiale pour le mouvement de Mars pourrait être la position et la vitesse de cette planète à un instant particulier[7]. Pour une corde en vibration,

une condition aux limites serait que la corde soit fixée à ses deux extrémités.

Méthode képlérienne de la parallaxe

Pour mettre fin de façon concluante à sa guerre contre Mars, Kepler avait besoin des données précises de Tycho, mais également de méthodes ingénieuses de calcul. Ses écrits contiennent la description d'un outil particulièrement important. Cette technique est indépendante de toutes les théories précédentes concernant le mouvement des planètes, sauf une – la périodicité de leurs révolutions. La Terre gravite autour du Soleil et revient exactement au même point au bout d'un an, Mars en fait de même tous les 687 jours.

La connaissance qu'avait Kepler de l'année martienne de 687 jours lui procurait un solide point d'appui en territoire ennemi. Il découvrit une technique permettant de calculer la position en trois dimensions d'un corps céleste à partir d'observations bidimensionnelles. À elle seule, elle pouvait constituer le fondement nécessaire des découvertes majeures de Kepler – en particulier, ses trois lois du mouvement planétaire.

La position d'un corps céleste à un instant particulier est précisée par une paire d'angles – par exemple, la longitude et la latitude écliptiques, exposées dans la Section 2.2. De fait, les observations astronomiques sont bidimensionnelles, de même que tout ce que nous percevons visuellement. Dans notre vie quotidienne, nous pouvons tirer parti de la perception visuelle pour appréhender notre environnement tridimensionnel (1) par le sens du mouvement des objets et (2) par la parallaxe dans la vision binoculaire (voir la Section 2.1). Le discernement du déplacement des objets célestes, autres qu'une météorite occasionnelle, était impossible du fait de leur éloignement considérable. La parallaxe reste un outil astronomique plausible, mais à l'époque de Kepler elle exigeait des mesures d'angles trop petites pour pouvoir être observées à l'aide des instruments astronomiques disponibles. Kepler entama son étude de Mars en résolvant d'abord ce problème apparemment insoluble.

Kepler cherchait à utiliser la parallaxe pour déduire la variation de la distance de Mars au cours de sa progression orbitale. Il exploita le mouvement de la Terre sur son orbite autour du Soleil pour observer Mars depuis deux positions très éloignées l'une de l'autre. La difficulté, c'est qu'il avait besoin de jongler avec *deux* planètes en mouvement. Lorsque la Terre se déplace à une nouvelle position, Mars le fait également. Si seulement il était possible d'immobiliser Mars ! Comme toujours dans l'art du jonglage, tout est une question de synchronisation.

Kepler leva cette difficulté grâce aux observations de Tycho menées lors de multiples des 687 jours que compte l'année martienne. L'avantage est que pendant chacun de ces relevés, Mars se trouve exactement à la même position. Dans l'Antiquité, bien avant Kepler, on savait que la durée de l'année terrestre vaut $365\frac{1}{4}$ jours. Par ailleurs, Copernic savait qu'une année martienne, le laps de temps nécessaire pour que Mars fasse un tour autour du Soleil, s'élève à 687 jours environ.

Par conséquent, si nous observons Mars à une année martienne d'intervalle, cette planète demeure à la même position – elle est « immobile », comme l'indique la Figure 8.6. Au terme des 687 jours, Mars (M) regagne son point initial. Pendant ce temps, la Terre a voyagé quasiment deux fois autour du Soleil – de sa position d'origine T_1 à sa position finale T_2, soit 43° de moins que deux rotations complètes[8]. *En supposant que l'orbite de la Terre est un cercle centré sur le Soleil,* un rapide calcul montre que la distance *d* entre T_1 et T_2 vaut environ 0,739 UA. (Rappelez-vous qu'une unité astronomique [UA] est la distance moyenne entre le Soleil et la Terre.)

Nous pouvons désormais appeler à la rescousse la parallaxe. Kepler fit appel à la trigonométrie pour calculer les coordonnées en trois dimensions de Mars, au point M. Cette méthode fut couronnée de succès en partie grâce au fait que les différences angulaires entre deux relevés étaient mesurées avec une précision suffisante.

Il semblerait que c'était une manière très astucieuse d'utiliser les centaines d'observations que Tycho avait accumulées durant une vingtaine d'années. Malheureusement, il y avait un hic. Même si l'orbite de la Terre ressemble *quasiment* à un cercle centré sur le Soleil, cette approximation est trop grossière pour fournir à Kepler un suivi assez précis de l'orbite de Mars par la méthode ci-dessus. Avant de poursuivre avec la cartographie de l'orbite de Mars, Kepler devait mettre la main sur une représentation plus fidèle de celle de la Terre.

La nécessaire correction du temps indiqué par un cadran solaire grâce à un analemme (voir la Section 2.3) émerge du fait que l'orbite de la Terre est plus compliquée que le simple mouvement circulaire uniforme centré sur le Soleil. Dans l'Antiquité, Hipparque avait suggéré le modèle de l'excentrique, qui améliore l'exactitude de l'orbite circulaire en décalant légèrement le Soleil de sa position au centre du cercle. D'autres perfectionnements sont possibles en utilisant le modèle de l'équant (voir la Figure 4.10).

Étonnamment, Kepler découvrit que les observations de Mars peuvent être réutilisées pour améliorer notre connaissance de l'orbite terrestre.

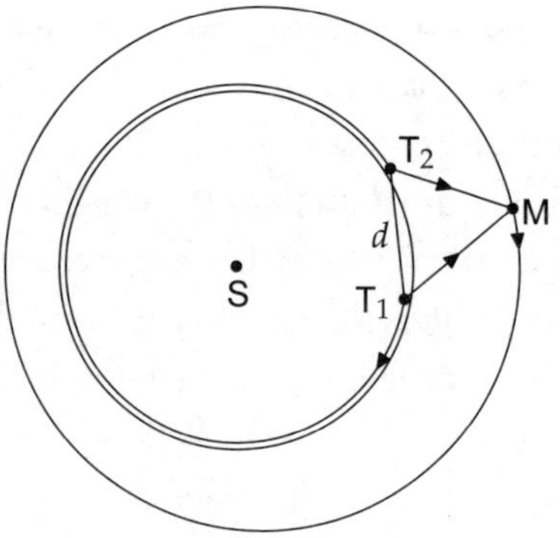

Figure 8.6 Méthode de Kepler permettant de trouver la position en trois dimensions de Mars par triangulation. Les courbes interne et externe sont respectivement les orbites de la Terre et de Mars. T_1 et T_2 représentent les positions de la Terre respectivement au début et à la fin d'une année martienne de 687 jours terrestres – en quelque sorte, un peu moins de deux années terrestres. La position M de Mars est exactement la même au début et à la fin de cette période. Si les points T_1, T_2 et la distance *d* qui les sépare sont connus, les positions angulaires de Mars (ascension droite et déclinaison) le long de T_1M et T_2M peuvent être utilisées pour évaluer par triangulation la position en trois dimensions du point M.

Mars vient à la rescousse

La Figure 8.7a montre comment Kepler a tiré parti des observations de Mars pour trouver une meilleure estimation de l'orbite de la Terre. Dans le calcul qui suit, il la suppose circulaire mais ne place pas le Soleil au centre. Cela permet d'atteindre un bon niveau de compromis. Bien entendu, nous pourrions obtenir un ajustement encore meilleur si nous supposions l'orbite elliptique. Comme dans la Figure 8.6, M et T_1 sont les positions initiales de Mars et de la Terre. Au terme d'une année sidérale martienne de 687 jours, Mars regagne le point M et la Terre parvient à T_2 après avoir tourné presque deux ans. En outre, T_3 est la position de la Terre au bout de deux années martiennes : $2 \times 687 = 1\,374$ jours.

Kepler fit usage des observations de Tycho sur la longitude et la latitude écliptiques de Mars lors de ces trois événements – c'est-à-dire les directions de chacun des segments de droite T_1M, T_2M et T_3M. On connaît les directions de T_1S, T_2S et T_3S d'après la position précise du Soleil dans le zodiaque – la longitude écliptique – lors de ces trois dates. Il importe que les observations précédentes ne dépendent pas d'une quelconque théorie spéculative au sujet de la nature de l'orbite terrestre. Ces mesures ne s'appuient que sur le résultat incontestable établissant que Mars revient exactement à la même position, par rapport au Soleil, tous les 687 jours.

Les longueurs $\overline{T_1S}$, $\overline{T_2S}$ et $\overline{T_3S}$ peuvent dès lors être calculées, sous la forme de fractions distinctes de la distance $\overline{SM}$ pouvant être évaluées par la trigonométrie.

Kepler pensait à l'origine que l'orbite de la Terre est un cercle dont le centre est proche, mais

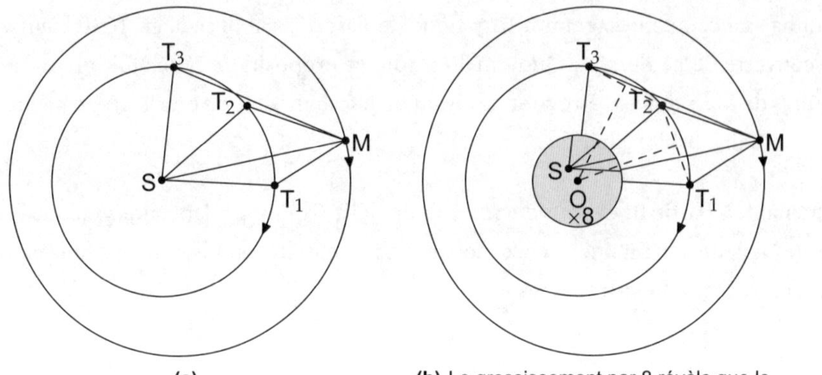

(a)

(b) Le grossissement par 8 révèle que le centre O de l'orbite circulaire présumée de la Terre est proche, mais ne coïncide pas avec le Soleil S.

Figure 8.7 Localisation de l'orbite de la Terre grâce à Mars. (a) Mars occupe le point M au début, à la fin d'une année martienne de 687 jours, et à la fin de deux années martiennes ($687 \times 2 = 1\,374$ jours). La Terre est initialement au point T_1, elle est en T_2 au bout d'une année martienne et en T_3 au terme de deux années martiennes. Les pentes des droites T_1M, T_2M et T_3M sont déterminées par l'observation astronomique, et on connaît celles de T_1S, T_2S et T_3S d'après les positions du Soleil dans le zodiaque lors de ces trois événements. Un calcul trigonométrique permet alors d'évaluer les longueurs $\overline{T_1S}$, $\overline{T_2S}$ et $\overline{T_3S}$, à chaque fois sous la forme d'une fraction de la longueur $\overline{MS}$. Dès lors, il est possible de calculer les coordonnées en trois dimensions de T_1, T_2 et T_3. (b) Cette figure montre que les trois points T_1, T_2 et T_3 peuvent être placés sur un cercle, l'orbite supposée de la Terre.

différent, du Soleil. Trois points non alignés tels que T_1, T_2 et T_3 déterminent un unique cercle. Dans la Figure 8.7b, le centre de ce cercle est l'intersection O des médiatrices des segments T_1T_2 et T_2T_3. Le disque grisé dans cette figure représente un grossissement par 8 d'un détail indiquant que le point d'intersection O est proche mais distinct du Soleil S.

Cette représentation de l'orbite de la Terre n'est guère exacte. Par la suite, Kepler découvrit que cette orbite n'est pas circulaire mais elliptique. Cependant, elle se rapproche beaucoup du cercle, et les erreurs étaient raisonnablement petites pour donner à Kepler un point d'appui suffisant afin de localiser l'orbite de Mars en utilisant la méthode indiquée dans la Figure 8.6.

En utilisant la méthode de la parallaxe décrite ci-dessus, Kepler parvint à décrire le mouvement tridimensionnel des planètes mieux que quiconque avant lui. Il réussit avec habileté à localiser un grand nombre de positions de Mars. En examinant quatre de ces points ou plus, il fut capable de comprendre que, aux erreurs expérimentales près, l'orbite de Mars siège dans un plan contenant le Soleil et exhibant une légère inclinaison (1,85°) par rapport au plan de l'écliptique. (De manière similaire, l'orbite de la Terre est située dans un plan contenant le Soleil – le plan de l'écliptique. C'est l'interprétation héliocentrique du fait, connu depuis l'Antiquité, que le cercle de l'écliptique est un grand cercle de la sphère céleste.)

Pour pouvoir établir que l'orbite de Mars est elliptique, Kepler devait avoir en sa possession les données tridimensionnelles d'au moins *cinq* positions de la planète. Ceci découle de la Proposition 7.6, qui affirme que cinq points distincts coplanaires déterminent une unique section conique – une conséquence de l'hexagramme mystique de Pascal. Malheureusement, même la vaste compilation de données de Tycho ne contenait qu'un nombre réduit d'observations de Mars à des intervalles de 687 jours. De surcroît, il est hautement improbable que Kepler ait eu connaissance de l'hexagramme mystique de Pascal car il décéda en 1630, neuf ans avant la découverte de ce dernier. Quoi qu'il en soit, la Proposition 7.6 établit qu'au moins cinq positions de Mars doivent être connues avant qu'il soit possible de préciser, par quelque moyen que ce soit, une orbite elliptique.

Maintenant, la partie III va nous décrire comment l'astronomie planétaire, grâce aux contributions de Newton, devint une science moderne à part entière – suffisamment fiable pour donner corps aux voyages des astronautes.

TROISIÈME PARTIE

Lumières

9

L'AVÈNEMENT DE LA MÉCANIQUE

« Donnez-moi un point d'appui et je soulèverai la Terre. »

Archimède, *cité par Pappus d'Alexandrie, v. 340*

Les astronomes de l'Antiquité considéraient que les étoiles, le Soleil, la Lune et les planètes étaient soumis à des règles différentes de celles des objets terrestres familiers. Finalement, Newton a montré que les lois de la force et du mouvement sont les mêmes pour une pomme en chute libre et pour les astres de la voûte céleste. Aristote avait conjecturé sur les lois physiques gouvernant les objets ordinaires, mais Archimède fut le premier à traiter ces questions de manière scientifique.

Newton unifia deux discipline scientifiques – l'astronomie et la mécanique – en un seul et même canevas : la *loi de l'attraction universelle.* Pour préparer le terrain à la discussion du prochain chapitre sur la contribution de Newton, ce chapitre retrace les balbutiements de la science de la mécanique. La *mécanique* est la branche de la physique qui traite de la *force* et du *mouvement*, la *statique* étant la partie de la mécanique qui aborde l'étude des forces agissant sur les objets au repos. La *cinématique* est la mécanique du mouvement, et la *dynamique*, l'étude de l'interaction entre la force et le mouvement.

Dans l'Antiquité, la mécanique se réduisait exclusivement à la statique. La force qui était communément mesurée était le poids d'un objet et on utilisait à ce titre la balance à bras égaux, dont l'usage remonte à 5000 av. J.-C.. La mesure des poids avait toujours constitué une activité importante dans le commerce. Par contre, ce n'est que depuis 400 ans environ qu'on mesure le *mouvement* avec précision, c'est-à-dire depuis que Galilée a examiné le mouvement de billes roulant sur un plan incliné.

9.1. ARCHIMÈDE

Le mathématicien grec Archimède vécut à Syracuse, une colonie grecque de Sicile. Il introduisit plusieurs concepts mécaniques : le centre de gravité, la flottabilité des corps, la démultiplication de la force mécanique (les leviers et les poulies) et la vis hydraulique. Il se servit également de leviers pour évaluer des aires et des volumes. Par exemple, en mettant en équilibre la combinaison d'une sphère, d'un cylindre et d'un cône, il fut capable de trouver une formule pour le volume d'une sphère[1].

On rapporte qu'Archimède a tiré parti de ses découvertes en mécanique pour échafauder des moyens de défense dans la lutte qui opposait Syracuse aux Romains, lors de la Deuxième Guerre punique – dans laquelle Hannibal et son armée de carthaginois traversa les Alpes pour assiéger Rome. En particulier, la « main de fer » d'Archimède était une sorte de grue munie d'un crochet qui permettait de renverser les navires hostiles. Archimède fut abattu par un soldat romain lors de l'invasion de Syracuse.

Les sections qui suivent décrivent trois des contributions d'Archimède à la mécanique – les concepts du centre de masse, de la flottabilité et du levier.

Centre de masse

Le *centre de masse* d'un objet, également dénommé *centre d'inertie* ou *centre de gravité*, est son point d'équilibre. Par exemple, une règle suspendue en son milieu tient en équilibre. Le centre de masse des objets géométriques, absent des *Éléments* d'Euclide, est exposé pour la première fois dans le traité d'Archimède *De l'équilibre des plans*. Archimède donna à la notion de centre de masse toute sa rigueur géométrique en formulant une liste d'axiomes à partir de laquelle il démontra de nombreuses propositions.

Certains ouvrages abordent cette notion en discutant du centre de masse d'un ensemble fini de particules massives. Par exemple, nous pouvons montrer que le centre d'inertie de trois particules de masses égales placées aux sommets d'un triangle se situe sur les trois médianes du triangle. (La médiane d'un triangle est une droite reliant un sommet au milieu du côté opposé.) Il s'ensuit que les trois médianes sont concourantes.

Le centre de masse d'un objet géométrique à deux ou trois dimensions et de densité homogène est appelé *barycentre*. Un *feuillet* est un objet plat de densité constante – un objet que l'on peut se représenter en découpant une figure plate dans une feuille métallique. Dans son traité, Archimède considère, entre autres, le barycentre de parallélogrammes et de triangles formés de feuillets. Aujourd'hui, ces barycentres sont définis grâce au calcul infinitésimal : c'est l'un des nombreux exemples où Archimède avait anticipé cette notion.

Archimède a démontré que le barycentre d'un triangle laminaire de densité uniforme se situe à l'intersection de ses médianes – il coïncide, de manière remarquable, avec le centre de masse du triangle muni de masses ponctuelles égales en ses sommets, comme nous l'avons vu plus haut[2]. La preuve d'Archimède est détaillée ci-dessous tant elle est une illustration élégante de son talent mathématique et, selon tout critère, un spécimen merveilleux de preuve indirecte.

L'un des axiomes d'Archimède ainsi que deux de ses propositions sont cités ici en préambule à sa démonstration. Ces propositions corollaires et plausibles sont données sans preuve.

L'axiome suivant affirme que l'agrandissement (ou la réduction) proportionnelle d'une figure affecte le centre de masse de manière analogue à la figure toute entière.

Axiome 6. Les lieux des centres de masse de figures distinctes mais semblables sont semblables.

Proposition 4. Si deux figures de masses identiques ne possèdent pas le même centre de masse, celui de l'assemblage constitué des deux figures est le point situé au milieu de la droite joignant leurs centres de masse.

Proposition 10. Le barycentre d'un feuillet en forme de parallélogramme est le point d'intersection de ses diagonales.

Théorème 9.1. Le barycentre d'un feuillet triangulaire est situé sur chaque droite joignant un sommet au milieu du côté opposé.

Par conséquent, les trois médianes du triangle sont sécantes en un point, et ce point est le centre de masse.

Ce qui suit se base sur la seconde des deux preuves qu'Archimède a données de son théorème.

Démonstration. D'après la Figure 9.1, supposons que P soit le centre de masse du triangle $\triangle$ABC et que BF soit l'une de ses médianes. Nous allons montrer que, contrairement à ce qui est indiqué dans la Figure 9.1, P doit se trouver sur BF. L'idée sous-jacente de la démonstration consiste à décomposer le triangle $\triangle$ABC en trois figures – le parallélogramme $\mathcal{P}$ et les deux petits triangles $\mathcal{L}'$ et $\mathcal{L}''$.

Les points D, E, F, H et J représentent respectivement les milieux des segments AB, BC, CA, CF et AF. Les triangles $\mathcal{L}'$ et $\mathcal{L}''$ sont semblables au grand triangle $\triangle$ABC : le facteur d'échelle équivaut à 1/2. Les segments EH et DJ sont les médianes des petits triangles correspondant à la médiane BF du grand triangle. Comme l'indique la Figure 9.1, notons Q et R les centres de masse des petits triangles.

Par l'axiome 6, les lieux des centres de masse des trois triangles doivent être semblables. Puisque le facteur d'échelle vaut 1/2 pour passer du grand triangle aux deux petits, la distance horizontale entre le centre de masse et la médiane du grand triangle doit être le double de celles de chacun des deux petits triangles. Posons que cette distance horizontale du centre de

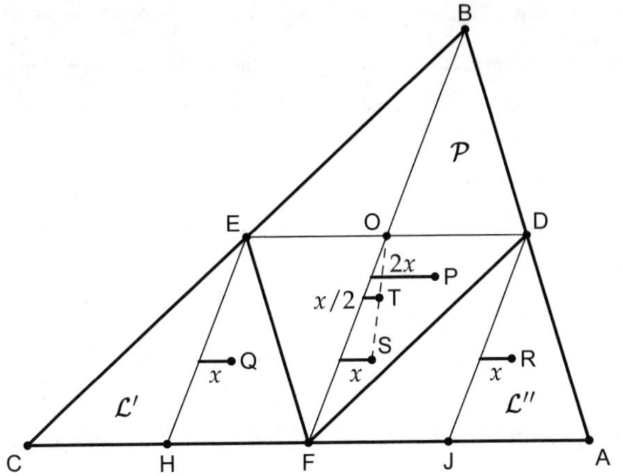

Figure 9.1

masse P à la médiane BF vaille $2x$, les distances correspondantes pour les petits triangles – de Q à EH et de R à DJ – doivent être égales à x.

Considérons la figure, notée $\mathcal{S}$, constituée de l'union des triangles

$$\mathcal{L}' = \triangle\mathsf{CEF} \qquad \text{et} \qquad \mathcal{L}'' = \triangle\mathsf{ADF}.$$

En vertu de la proposition 4, le centre de masse de $\mathcal{S}$ est situé au milieu de Q et R, soit le point S représenté dans la Figure 9.1. La distance horizontale entre S et le segment BF est égale à x.

Par la proposition 10, le centre de masse du parallélogramme $\mathcal{P}$ est à l'intersection O de ses diagonales.

Puisque l'aire du parallélogramme $\mathcal{P}$ est égale à l'aire de $\mathcal{S}$ (l'union des deux petits triangles), la Proposition 4 affirme que le centre de masse de l'union de $\mathcal{P}$ et $\mathcal{S}$ – autrement dit, le triangle $\triangle\mathsf{ABC}$ dans son intégralité – se situe au point T, au milieu de O et S. Qui plus est, la distance horizontale à la droite BF est égale à $x/2$. Le point T, puisqu'il est centre de masse du triangle tout entier $\triangle\mathsf{ABC}$, devrait, contrairement à ce qu'indique la Figure 9.1, coïncider avec P, dont la distance horizontale supposée à la droite BF était égale à $2x$. Si ces deux points se confondent, alors $x/2$ doit être égal à $2x$, or cela n'est possible que si $x = 0$ – c'est-à-dire, seulement si le centre de masse P du triangle $\triangle\mathsf{ABC}$ tout entier est situé sur la médiane BF.

$\square$

Flottabilité des corps

C'est en découvrant la poussée d'Archimède que, selon la légende, celui-ci se mit à sillonner tout nu les rues en criant « Eurêka ! ». Deux ouvrages d'Archimède traitent de la flottabilité des corps : *Des corps flottants*, Livres I et II. Le premier livre aborde les questions élémentaires, et le deuxième présente des calculs spécifiques aux paraboloïdes flottants. Le principe de flottabilité des corps, plus connu sous le nom de poussée d'Archimède, s'énonce ainsi :

Principe 9.1. Poussée d'Archimède. Si un objet est immergé dans un fluide immobile, il subit une poussée dirigée vers le haut dont la force est égale au poids du fluide déplacé par cet objet.

Archimède démontra le Principe 9.1 en faisant des hypothèses sur la forme de l'objet immergé. La généralisation au sujet des formes est un concept moderne, totalement étranger pour les Grecs de l'Antiquité. Je préfère motiver le Principe 9.1 en suivant le raisonnement ci-dessous.

La poussée est la résultante de la pression agissant sur tous les points de la surface de l'objet. Cette force dépend uniquement de la forme de cet objet et est nullement altérée par sa partie intérieure. Imaginez une réplique invisible de l'objet : elle possède la même forme mais elle est creuse. De surcroît, imaginez que le fluide circule à travers la surface du doublon sans entrave parce que sa surface est tout bonnement imaginaire. Ôtez l'objet puis placez sa réplique à la même profondeur : la poussée agissant sur le doublon est exactement la même que celle agissant sur l'objet original. On suppose le fluide immobile, et donc le deuxième objet l'est également. Puisque la réplique est immobile, la poussée compense exactement son poids – le poids du fluide déplacé par l'objet – comme le déclare le Principe 9.1.

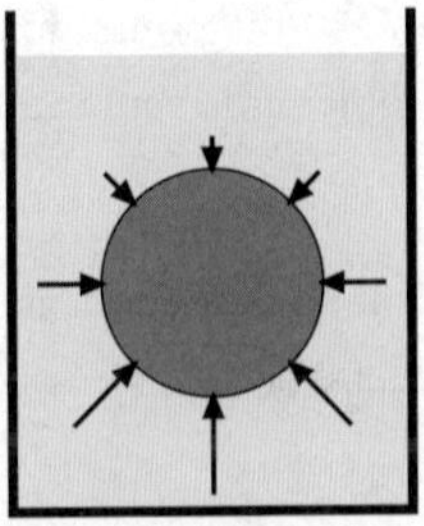

Figure 9.2 La pression agissant sur un objet immergé varie avec la profondeur.

Ce qui est intéressant dans le raisonnement ci-dessus, c'est qu'il ne fait aucune hypothèse sur la manière dont la pression interagit avec la surface de l'objet ni sur l'aspect de cette surface, rugueuse ou lisse. Cet argument s'applique à l'objet sphérique de la Figure 9.2 ou à un objet crépu tel qu'une éponge humide. Il est inutile de savoir comment la force de gravité engendre la pression dans le fluide ni comment cette force permet à un fluide d'être immobile.

Leviers et poulies

Archimède avait une bonne connaissance des usages pratiques des leviers et des poulies pour soulever des objets lourds. Il mit à profit ce savoir pour édifier des machines de guerre afin de défendre Syracuse de l'assaut des Romains. L'historien Plutarque écrivit qu'Archimède avait démontré l'efficacité d'un système de poulie en déplaçant un navire entièrement chargé uniquement à la force de ses bras.

La Figure 9.3 illustre l'usage (a) d'un levier et (b et c) d'un système de poulies pour réaliser un *avantage mécanique* – le rapport du poids d'un objet à la force nécessaire pour le soulever. Dans la Figure 9.3, le levier et les systèmes de poulies sont en équilibre bien que le poids 2 soit deux fois plus important que le poids 1 – ce qui exhibe un avantage mécanique de 2/1.

Dans la Figure 9.3a, d_1 et d_2 sont les distances du point d'appui aux centres de masse respectifs des poids 1 et 2. L'une des propositions d'Archimède dans *De l'équilibre des plans* stipule que le levier indiqué en (a) soit en équilibre si le rapport d_1/d_2 est égal à 2/1, le rapport du poids 2 au poids 1.

Le *palan* est un terme d'origine nautique désignant un arrangement de poulies et de cordes, similaire à celui indiqué dans les Figure 9.3b et c[3]. Ce système, indiqué en (b) et (c), est en équilibre si, comme précédemment, le poids 2 est le double du poids 1. Indubitablement, Archimède avait une explication mathématique à cet équilibre car il s'était largement adonné aux systèmes de poulies et les employait à des fins pratiques. Néanmoins, aucun écrit d'Archimède à ce sujet ne nous est parvenu. En particulier, il ne formula aucune théorie générale recouvrant à la fois les leviers et les systèmes de poulies.

Travail virtuel

Environ 2 000 ans après Archimède, le mathématicien suisse Johann Bernoulli (1667–1748) définit le *travail virtuel*, un principe général important de la statique qui explique l'avantage mécanique tant pour les leviers que pour les systèmes de poulies.

Le *travail* revêt une acception technique qui est très vaguement apparentée à l'idée d'« effort ». Si le point d'application d'une force se déplace, un travail positif ou négatif en résultera. Même s'il s'agit d'un concept plus général, la définition suivante suffit pour l'application actuelle dans laquelle la seule force considérée est le poids d'un objet et le seul mouvement est dirigé verticalement vers le haut ou vers le bas.

Définition 9.1. Le travail associé au mouvement vertical d'un poids p d'une distance d se définit comme étant égal à $\pm pd$, où le signe plus ou moins apparaît selon que le déplacement se fasse vers le bas ou vers le haut.

Le *travail virtuel* est le travail total associé à un minuscule déplacement hypothétique des poids – en prenant en considération l'interdépendance de tous les déplacements dans le système. Par exemple, dans la Figure 9.3a, si δ_1 et δ_2 sont les déplacements respectifs des poids 1 et 2, alors $\delta_1/\delta_2 = 2/1$. Si l'un des mouvements se fait vers le bas, l'autre se fait nécessairement vers le haut. En incorporant les signes plus et moins, le travail total $p_1\delta_1 + p_2\delta_2$ est égal à zéro[4]. Cela correspond au fait que le levier est en équilibre – un exemple du principe général qui suit.

Principe 9.1. Travail virtuel. Un système est en équilibre si et seulement si, pour des déplacements virtuels infinitésimaux arbitrairement choisis et respectant les contraintes du système, le travail virtuel total est nul[5].

La Figure 9.3c montre les déplacements h_1 et h_2 du système de poulies indiqué en (b). Le

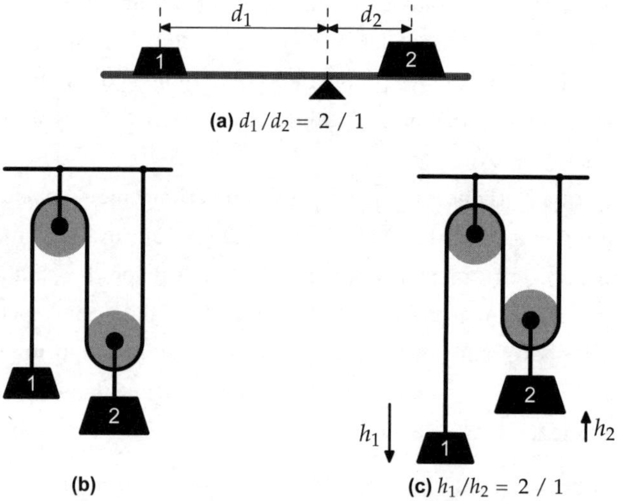

Figure 9.3 Levier (a) et poulies (b et c) ayant un avantage mécanique de 2/1. Le poids 2 est deux fois plus lourd que le poids 1. Autrement dit, si nous notons respectivement p_2 et p_1 la grandeur de ces poids, le rapport p_2/p_1 est égal à 2/1.

mouvement de la corde fait que le rapport de ces déplacements h_1/h_2 est égal à $2/1$. Puisque le rapport des poids vaut $p_1/p_2 = 1/2$, le travail total est nul – de même que pour le levier de la Figure 9.3a. Le concept de travail virtuel procure ainsi un cadre théorique général pour étudier les leviers et les systèmes de poulies.

Le principe du travail virtuel affirme que le levier et le système de poulies de la Figure 9.3 sont en équilibre. Chaque situation revêt un avantage mécanique de $2/1$. La conséquence pratique est manifeste : si nous retirons le poids 1, nous devons exercer une force de 1 kg pour mettre en équilibre le poids 2 pesant 2 kg, et si celle-ci est plus élevée, le poids 2 se soulèvera.

9.2. GALILÉE

Nous avons fait allusion dans la Section 6.3 aux contributions de Galilée en astronomie. Cette section se penche plus particulièrement sur ses travaux en mécanique – très largement exposés dans son livre *Discours concernant deux sciences nouvelles*.

La méthode scientifique, qu'aborde la Section 1.2, est constituée d'une alternance entre la théorie et l'observation ou l'expérience. En astronomie, les observations sont réalisables mais pas les expériences. Les expériences de Galilée en mécanique sont probablement les premières à avoir été effectuées.

Galilée réalisa une expérience dans laquelle il mesura l'accélération d'une bille roulant le long d'un plan incliné[6]. Il parvint à mesurer le temps mis par cette bille pour parcourir des intervalles de distance donnés. Galilée fit appel à un plan incliné parce qu'un corps en chute libre descend trop rapidement pour pouvoir être mesuré. Pour ses chronométrages, il utilisa une clepsydre. Il disposa également des objets, à l'instar des frettes d'une guitare, à différents endroits du plan incliné de sorte que la bille émette des cliquetis à chaque fois qu'elle en traversait un. Galilée arrangea les frettes pour entendre un rythme régulier dans le temps. Il s'avéra que ce fut possible lorsque l'espacement entre les frettes était proportionnel aux nombres impairs 1, 3, 5, ... De cette expérience, Galilée en conclut que la distance de descente est proportionnelle au carré de la durée : si s est la distance parcourue par la bille qui descend en un temps t, alors nous avons $s = ct^2$, où c est une constante de proportionnalité.

Galilée considéra le mouvement de projectiles. Il comprit que ce mouvement possède deux composantes – une verticale dirigée vers le bas, due à l'accélération gravitationnelle, et une horizontale de vitesse constante. Il fut le premier à appréhender le fait que ces composantes se combinent pour faire en sorte que la trajectoire du projectile soit toujours une parabole, une courbe étudiée, et baptisée ainsi, par le mathématicien grec de l'Antiquité Apollonius de Perge (voir la Section 7.1).

Galilée découvrit également grâce à l'expérience que la *période* d'un pendule, la durée d'une oscillation, est proportionnelle au carré de sa longueur – quels que soient le déplacement initial et le poids fixé à l'extrémité du pendule.

D'une certaine manière, Galilée avait anticipé les lois du mouvement et de l'attraction universelle de Newton.

Dans son étude de la mécanique, il ne s'attira pas les foudres de l'Église comme il le fit pour l'astronomie. Néanmoins, d'autres difficultés très sérieuses entravaient ses avancées.

Les handicaps de Galilée

Le premier handicap de Galilée concernait l'approbation générale, par les philosophes scolastiques et les autres, des idées erronées d'Aristote au sujet du mouvement. Par exemple, celui-ci écrivit que le mouvement ne peut s'effectuer que sous la présence continue d'une force motrice – en contradiction flagrante avec le principe énoncé plus tard par Newton selon lequel une particule massive de vitesse constante poursuit son mouvement en ligne droite jusqu'à ce qu'une force la dévie. Ni Aristote, ni ses disciples n'avaient songé à étudier le mouvement, ou toute autre question scientifique, par le truchement de l'expérience.

Le deuxième handicap de Galilée était son manque d'outils expérimentaux – en particulier, d'horloges précises. Il ne disposait que d'une méthode primitive de mesure du temps : la clepsydre. Il mesurait une durée en débouchant puis obstruant l'orifice d'un réservoir d'eau et en pesant le liquide écoulé.

Son troisième handicap concernait sa carence en outils mathématiques. Il ignorait l'existence de certains d'eux, et les autres n'avaient pas encore été découverts à son époque.

Fractions décimales

Galilée ne fit pas usage des fractions décimales bien qu'elles étaient employées pour les transactions monétaires à son époque. Le Belge Simon Stevin (1548–1620) publia en 1585 un traité au sujet des fractions décimales, *De Thiende* (*La disme*). Que Galilée en ait eu écho ou pas, les fractions décimales étaient connues de ses contemporains, mais, de façon incroyable, il n'utilisait que des nombres entiers pour consigner ses données expérimentales – un usage inapproprié pour enregistrer des quantités variant de manière continue.

Algèbre

L'algèbre s'était notoirement développée en Italie à l'époque de Galilée, et encore une fois, il n'en tira pas parti. Par exemple, Girolamo Cardano (1505–1576) publia en 1545 un traité sur l'algèbre, *Ars magna*, qui incluait, entre autres, une méthode permettant de résoudre les équations cubiques[7]. À cette époque, il régnait une compétition publique dans laquelle les mathématiciens s'ingéniaient à résoudre les équations. Galilée n'aurait pas compris que la formule $s = ct^2$ mentionnée ci-dessus résumait ses travaux sur le plan incliné. Il ne profita pas de la puissance de l'algèbre dont il aurait pu en tirer un bénéfice substantiel.

Calcul infinitésimal

Le calcul infinitésimal aurait été extrêmement fertile pour Galilée, mais il n'existait pas encore en son temps. C'est à Newton et Leibniz que l'on doit l'invention du calcul infinitésimal vers la fin du XVIIe siècle, trop tardivement malheureusement. Cependant, Fermat découvrit l'un de ses concepts clés, la dérivée, bien avant.

Avant la gestation du concept de dérivée, nous étions incapables de donner une définition précise à la *vitesse instantanée* d'un objet se mouvant à une vitesse variable, et la notion d'*accélération* semblait encore plus lointaine. Il est facile de définir la vitesse moyenne au cours d'une période de temps : c'est la distance parcourue divisée par la durée écoulée. La vitesse instantanée est la moyenne sur un intervalle de temps « infinitésimal », mais ce concept ne fut pas clarifié avant que Fermat (1601–1665) ne lui porta son attention, et toute la rigueur mathématique ne fut établie qu'au milieu du XIXe siècle. La vitesse était un concept fondamental dans les recherches de Galilée. Même s'il luttait contre cette pierre d'achoppement, ses écrits sur la mécanique, dénués de rigueur mathématique, demeuraient nécessairement imprécis. En tant qu'instigateur de l'étude de la dynamique du mouvement, Galilée inventa un vocabulaire inédit pour cette science nouvelle.

Ce chapitre a présenté les contributions innovantes d'Archimède et de Galilée à la mécanique. Leurs travaux pavaient la voie à Newton, qui a largement développé cette science. Le chapitre suivant explique comment ce dernier est parvenu à unifier la mécanique et l'astronomie grâce à sa découverte de la loi de la gravitation universelle.

10

L'ASTRONOME ALCHIMISTE

« La Nature et ses lois gisaient dans la nuit.
Alors Dieu dit : "Que Newton soit !" Et la lumière fut. »

Alexander Pope, *épitaphe à l'intention d'Isaac Newton (1730)*

Vers la fin du XVIIe siècle, notre compréhension du Système solaire fut bouleversée par un trait de génie révolutionnaire : le mouvement du Soleil, des planètes et de leurs satellites est gouverné par les mêmes principes que les objets physiques familiers. C'est en voyant une pomme chuter d'un arbre que le jeune Isaac Newton eut cette inspiration soudaine. Il fit deux découvertes fondamentales qui ont unifié les sciences de la mécanique et de l'astronomie : ses *lois du mouvement* et sa *loi de la gravitation universelle.*

Comme l'illustre la citation ci-dessus d'Alexander Pope, Newton devint célèbre. Il régnait même une certaine aura divine autour de sa personnalité dans ce siècle des Lumières, le mouvement intellectuel du XVIIIe siècle qui prônait la science et la raison. Il existe toujours aujourd'hui une volonté d'attribuer une valeur infaillible au travail scientifique de Newton. Néanmoins, celui-ci demeurait humain, et son chef-d'œuvre, les *Principia*, contient quelques défauts mineurs, comme nous allons le voir.

Par ironie du sort, Newton était obsédé par l'alchimie, une quête abhorrée des Lumières. Il sut dissocier ses activités alchimiques et ses croyances mystiques de son travail scientifique.

Bien plus tard, Einstein renversa la mécanique newtonienne. Celle-ci demeure néanmoins un outil de prédilection pour certaines applications pratiques, allant de l'ingénierie mécanique à la technologie spatiale.

Newton naquit prématurément dans une famille de petits paysans indépendants à Woolsthorpe, en Angleterre. Sa santé était fragile, son père décéda avant sa naissance et sa mère se remaria. Il fut élevé par sa grand-mère.

On a émis l'hypothèse que Newton, de même qu'Albert Einstein et certaines autres personnalités notoires en science et dans les arts, souffrait du syndrome d'Asperger, une forme légère d'autisme. Indubitablement, Newton était un être bizarre, un éternel solitaire aux prédispositions sociales marginales.

Newton ne se fit pas particulièrement remarquer à l'école, mais son oncle maternel, William Ayscough, ayant décelé certains signes de talent particulier, persuada sa mère de l'envoyer à Cambridge où il éveilla un grand intérêt pour les mathématiques. En 1665–1666, Cambridge fut fermé à cause d'une épidémie de peste à Londres, et Newton regagna sa maison à Woolsthorpe. Pendant ce bref séjour, même s'il ne disposait pas d'une vaste bibliothèque et ne bénéficiait pas de discussions avec ses professeurs ou ses camarades, le jeune Newton établit les rudiments des découvertes scientifiques qui furent affûtées et perfectionnées par la suite dans sa vie : la formule du binôme, la nature de la couleur, le calcul infinitésimal et la loi de la gravitation universelle.

10.1. LA DYNAMIQUE DE NEWTON

Newton introduisit des concepts en mécanique qui demeurent toujours aujourd'hui fondamentaux dans cette science. Il leva le voile sur les principes de la dynamique, la branche de la mécanique qui traite des forces et du mouvement. Il précisa les idées que Galilée cherchait en tâtonnant dans ses expériences mesurant la descente d'une bille le long d'un plan incliné, mentionnées dans la Section 9.2.

Vitesse et accélération

La vitesse instantanée – la vitesse qu'a un objet à un instant particulier – semble être de nos jours un concept plus évident qu'il ne l'était à l'époque de Newton. Nous disposons aujourd'hui d'un dispositif mécanique, l'indicateur de vitesse, qui mesure directement la vitesse instantanée. Néanmoins, cette simplicité apparente n'est qu'une illusion : l'étude du mécanisme de l'indicateur de vitesse ne mène pas à une compréhension simple de la vitesse instantanée.

La dérivée

Newton clarifia la signification de la vitesse instantanée d'une particule mobile en introduisant un nouveau concept mathématique : la dérivée. Il déclara que la vitesse instantanée d'une particule est le quotient de la distance infinitésimale parcourue par la durée infinitésimale écoulée.

Pour décrire le mouvement à l'aide d'une équation mathématique, Newton parvint à établir une formule explicitant la vitesse instantanée en utilisant des techniques que les élèves mettent de nombreuses heures à apprendre au lycée. Par exemple, comme indiqué dans la Section 9.2, la chute d'une bille le long du plan incliné de Galilée est décrite par la formule $s = ct^2$, où c est une constante et s et t sont respectivement la distance parcourue et le temps écoulé. On pose $t = 0$ à la position initiale au repos. Dans cette situation, Newton parvint à calculer que la vitesse est donnée par la formule $2ct$.

Les idées de Newton demeuraient quelque peu imprécises car la notion d'intervalle infinitésimal de temps était abstraite. George Berkeley (1685–1753) interpella Newton lorsqu'il qualifia une valeur infinitésimale de « fantôme d'une quantité évanescente ». Au lieu de rétorquer à cette critique, Newton (ainsi que Gottfried Wilhelm Leibniz (1646–1716) qui avait découvert indépendamment le calcul infinitésimal) mit sur pied un vaste pan cohérent de la connaissance, le calcul infinitésimal, qui demeure à ce jour le langage fondamental de la physique mathématique. Environ 150 ans plus tard, Richard Dedekind (1831–1916) érigea avec d'autres cette discipline sur des fondations rigoureuses, sans faire appel au concept de quantité infinitésimale – tout en préservant, néanmoins, les résultats de Newton[1].

La *vitesse* d'une particule recouvre tant la célérité que la direction de son mouvement. Dans le cas d'un mouvement unidimensionnel – le long d'une droite fixée dont on choisit arbitrairement la direction positive – la vitesse est la grandeur munie du signe algébrique approprié, plus ou moins.

Newton a défini la vitesse comme étant la dérivée de la distance par rapport au temps, et l'accélération comme étant la dérivée de la vitesse par rapport au temps. Leibniz a concocté une notation pour cette dérivée que nous utilisons toujours aujourd'hui. Si la distance s parcourue par une particule dépend du temps t, alors la grandeur de la vitesse, la dérivée de cette distance par rapport au temps, est notée $\mathrm{d}s/\mathrm{d}t$, et l'accélération, la dérivée de cette vitesse par rapport au temps, est notée $\mathrm{d}^2s/\mathrm{d}t^2$. Dans l'exemple précédent où $s = ct^2$, un élève est capable de calculer que

$$\frac{\mathrm{d}s}{\mathrm{d}t} = 2ct \quad \text{et} \quad \frac{\mathrm{d}^2s}{\mathrm{d}t^2} = 2c.$$

Néanmoins, ce livre suppose que le lecteur ne connaît pas les techniques du calcul infinitésimal. Le symbole $\mathrm{d}s/\mathrm{d}t$ doit être considéré comme une abréviation de « taux de variation instantané de la distance par rapport au temps ». Le symbole $\mathrm{d}^2s/\mathrm{d}t^2$, lui, signifie « taux de variation du taux de variation de la distance par rapport au temps », que nous appelons usuellement *accélération*.

La relation ci-dessus entre la distance s et le temps t décrit de manière correcte le mouvement d'une particule le long d'une trajectoire linéaire unidimensionnelle. Toutefois, la capacité d'abstraction du mouvement en deux ou trois dimensions nous mène au concept plus élaboré de *vecteur*.

Vecteurs

Il est primordial de faire la distinction entre les quantités qui peuvent être simplement précisées par une grandeur, que l'on appelle des *scalaires*, de celles qui requièrent à la fois une grandeur et une direction, que l'on appelle des *vecteurs*. La *grandeur* de la vitesse est une entité différente du *vecteur* vitesse. Par convention en mécanique, on entend par vitesse tant sa grandeur que la direction du mouvement.

Il existe deux notations communément utilisées pour les vecteurs.

1. **Le caractère gras.** Par exemple, la vitesse est souvent notée $\mathbf{v}$, tandis que la grandeur de la vitesse est écrite v.
2. **La flèche au-dessus.** Dans la Figure 1a de l'Annexe B, le vecteur dont la queue se situe en A et la pointe en B est noté $\overrightarrow{\mathsf{AB}}$.

Newton ne fit pas usage des vecteurs parce que l'*analyse vectorielle* ne s'est graduellement développée qu'au XIXe siècle – en grande partie grâce aux travaux du physicien mathématicien américain Josiah Willard Gibbs (1839–1903). Il est plus facile d'expliquer les idées de Newton en invoquant quelques notions élémentaires concernant les vecteurs. Dans ce livre, nous ne ferons appel qu'aux concepts les plus simples de cette discipline aux nombreuses ramifications. En plus de la *définition* et de la *notation* mentionnées ci-dessus, l'*égalité de vecteurs*, l'*addition* et la *soustraction de vecteurs* ainsi que la *multiplication d'un vecteur par un scalaire* sont présentées dans l'Annexe B.

Généralement, on représente graphiquement un vecteur par un segment de droite muni d'une flèche indiquant sa direction. La notation de ce segment dirigé, le vecteur, allant du point A au point B est $\overrightarrow{\mathsf{AB}}$.

Force et masse

Newton comprit que le *poids* ne constituait pas une notion fondamentale appropriée pour la mécanique. Le poids révèle deux généralisations importantes : la *force* et la *masse*.

La force, en tant que concept physique pratique, quantifie toute influence qui tend à modifier la vitesse d'un objet. Pousser ou tirer sont des actions communément utilisées pour décrire la force. Certaines forces telles que la gravitation n'impliquent aucun contact physique. Lorsque deux forces de directions opposées et de même grandeur agissent sur un corps, elles s'annulent mutuellement et ne produisent aucun changement tangible de vitesse.

La masse est la mesure de la quantité de matière.

Nous pouvons appréhender ces deux concepts par deux méthodes de mesure du poids : le peson et la balance à fléau (Figure 10.1).

Le pèse-personne à usage domestique est généralement une variante du peson, mais la balance à poids coulissants d'un cabinet de médecin est un spécimen de balance à fléau.

Le peson (ou dynamomètre) se fonde sur le fait que, dans une certaine plage assez réduite de mouvements, l'accroissement de la longueur d'un ressort est proportionnel à la *force* appliquée.

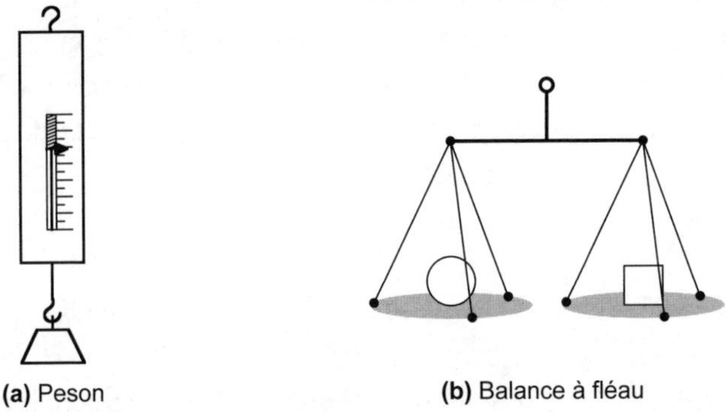

(a) Peson **(b)** Balance à fléau

Figure 10.1

On appelle cela la loi de Hooke, en l'honneur du scientifique britannique Robert Hooke (1635–1703), un contemporain et farouche rival d'Isaac Newton. Un objet attaché à un peson parvient à son équilibre lorsque la force appliquée est contrebalancée par une force de direction opposée due à l'allongement du ressort. Nous pouvons aisément l'utiliser pour mesurer des forces autres que des poids, mais cela n'est pas possible pour la balance à fléau. L'équilibre dans cette dernière, fondée sur le principe du levier (abordé dans la Section 9.1), est atteint en plaçant des objets de *masses* égales sur les deux plateaux. L'acception usuelle du poids est la masse, la quantité de matière. Un kilogramme de choux sera toujours un kilogramme de choux, même sur la Lune, à condition qu'on les pèse avec la balance à fléau : le peson n'indiquera qu'un sixième de kilogramme, environ, du fait de la gravitation lunaire plus faible. En mécanique, on utilise des unités de mesure distinctes pour la masse et la force.

La quantité de mouvement $\mathbf{p}$ est définie comme étant le produit de la masse d'un corps par sa vitesse : $\mathbf{p} = m\mathbf{v}$. Cette quantité vectorielle possède une grandeur et une direction (celle du mouvement).

Corps ou particule

Les trois lois du mouvement de Newton sont associées à un corps possédant une masse et se mouvant à une certaine vitesse. Si la trajectoire d'un corps est unique, et si ce corps possède une vitesse, alors quel que soit l'instant considéré, il occupera un point unique. On sous-entend par là que le corps est une masse ponctuelle en mouvement – c'est-à-dire une *particule*.

Le concept de particule est une idéalisation. Il n'est pas possible d'observer une masse ponctuelle – de même que personne n'a observé un point ou une droite, tels qu'ils sont définis dans la géométrie euclidienne. Le mouvement d'un objet complexe peut être étudié en le considérant comme un agrégat de particules. Paradoxalement, même si les points et les particules n'existent pas en tant que tels dans l'univers physique, ce sont des abstractions extrêmement utiles et fondamentales.

Les trois lois du mouvement de Newton firent toute la lumière sur le problème de la dynamique d'une particule – y compris sur les expériences de Galilée au sujet du plan incliné et du pendule. Elles apparaissent dans l'œuvre monumentale de Newton, les *Principia*, publiée en 1687 en latin[2]. Ce qui suit n'est qu'une traduction libre de ces lois. J'ai pris la liberté d'utiliser le terme « particule » au lieu de « corps », traduction française usuelle du mot latin *corpus*.

Première loi, la loi de l'inertie. Une particule au repos demeure au repos, et une particule en mouvement continue à se mouvoir en ligne droite et à vitesse constante tant qu'aucune force externe n'agit sur elle.

Deuxième loi. Le taux de variation de la quantité de mouvement d'une particule est directement proportionnel à la force appliquée et a lieu dans la direction où la forge agit.

Troisième loi. Pour toute force appliquée, il existe une force de réaction égale et de direction opposée.

La première loi décrit ce que nous appelons souvent l'*inertie* d'une particule. Newton corrige là l'erreur d'Aristote qui stipulait qu'un corps reste au repos tant qu'aucune force n'agit sur lui.

Au contraire, Newton comprit que le mouvement linéaire à vitesse constante décrit celui d'une particule en l'absence de toute force externe.

La deuxième loi est la plus importante des trois : le taux de variation de la quantité de mouvement d'une particule est égal à la force imprimée. Dans la plupart des circonstances ordinaires, la masse d'une particule est constante. Par conséquent, le taux de variation de la quantité de mouvement est proportionnel à la masse de la particule multipliée par son accélération.

Si la masse, l'accélération et la force imprimée sont respectivement notées m, a et F, alors la deuxième loi de Newton déclare que $F = cma$, où la force et l'accélération sont toutes deux de même direction et c est une constante de proportionnalité convenablement choisie. On a coutume de sélectionner les unités de mesure de sorte que la constante c soit égale à 1. Dans le système *cgs* (centimètre, gramme, seconde), l'unité de force correspondante est la *dyne*. Puisque l'accélération g due à la gravité sur la surface terrestre s'élève à environ 980 centimètres par seconde, la force gravitationnelle, dirigée vers le bas, exercée par une masse d'un gramme équivaut à environ 980 dynes.

La troisième loi de Newton est illustrée par un moteur à réaction. La force totale refoulant les molécules du combustible vers l'arrière est égale à celle poussant l'avion vers l'avant.

La deuxième et la troisième loi impliquent à elles deux que dans un système isolé de toute force externe, la quantité de mouvement totale soit conservée. Par exemple, lorsqu'une fusée allume son jet à propulsion, l'accroissement de son impulsion dirigée vers le haut est égal à la quantité de mouvement totale des molécules du carburant propulsées dans la direction opposée. Si deux astronautes en excursion dans l'espace s'amusent à se lancer une balle alternativement de l'un à l'autre, la conservation de la quantité de mouvement les obligera à s'éloigner progressivement, rendant leur retour vers la navette spatiale ardue voire impossible.

Les lois de Newton érigèrent la science de la mécanique à un rang supérieur. Celui-ci devint célèbre, en grande partie grâce à la plume du philosophe Voltaire (1694–1778), une éminente personnalité du mouvement intellectuel du XVIIIe siècle que l'on appelle les Lumières. En 1737, Voltaire publia un commentaire des *Principia* de Newton.

Certaines questions importantes échappaient à Newton. Par exemple, celui-ci ne prit pas la peine de définir l'énergie cinétique, un concept introduit par Gottfried Leibniz et qu'il baptisa *vis viva*, la « force vive »[3]. En 1740, Émilie du Châtelet (1706–1749) – une aristocrate fréquentant la court française, qui devint la maîtresse de Voltaire et, par-dessus tout, l'éminente traductrice des *Principia* de Newton du latin en français – proposa que *vis viva* pouvait être converti en partie en *vis mortua* – un précurseur de l'énergie potentielle – mais que la somme de *vis viva* et *vis mortua* devait demeurer constante. Tout ceci préludait à l'avènement du principe plus général de la *conservation de l'énergie*.

L'énergie est un concept plus fondamental que la quantité de mouvement parce qu'elle se manifeste, non seulement en mécanique, mais dans toutes les branches de la physique. L'énergie du mouvement d'une particule est proportionnelle au carré de sa vitesse. Plus précisément, dans le système *cgs*, l'énergie cinétique en *ergs* d'une particule mobile ayant une masse de m grammes et une vitesse de v centimètres par seconde est égale à $mv^2/2$. Puisque le temps nécessaire pour stopper un véhicule est approximativement proportionnel à son énergie, si nous doublons la vitesse, nous quadruplons le temps nécessaire pour freiner. Châtelet était inspirée par le travail d'un savant hollandais, Willem Jacob 's Gravesande (1688–1742), qui avait remarqué qu'une balle projetée dans de l'argile molle pénétrait quatre fois plus profondément si l'on doublait sa vitesse.

10.2. DYNAMIQUE DE LA ROTATION

Le mouvement planétaire est rotatoire. Cette section explique comment les lois de Newton peuvent être adaptées aux problèmes concernant la rotation. Nous discuterons, plus formellement, du concept de *moment cinétique.* Tout d'abord, considérons l'exemple le plus simple de mouvement de rotation – le mouvement circulaire uniforme. Nous verrons pourquoi il est difficile de se maintenir en équilibre tout en marchant sur la plate-forme d'un manège en fonctionnement.

Mouvement circulaire uniforme

Un objectif important de ce chapitre consiste à étudier les forces gouvernant le mouvement orbital des planètes. En préambule, nous allons examiner le problème plus simple des forces impliquées dans le mouvement circulaire uniforme.

La Figure 10.2 illustre le mouvement uniforme d'une particule allant de P à Q sur une trajectoire circulaire $\mathcal{C}$ de rayon r. Cette particule de masse m, initialement au point P, se déplace jusqu'au point Q, balayant un angle[4] $\Delta\theta$ durant une période Δt à vitesse angulaire constante ω. Par conséquent, l'angle $\Delta\theta$ est égal à $\omega\Delta t$. Si les angles sont mesurés en radians, la longueur de l'arc parcouru vaut

$$\widehat{\mathsf{PQ}} = r\Delta\theta = r\omega\Delta t \tag{10.1}$$

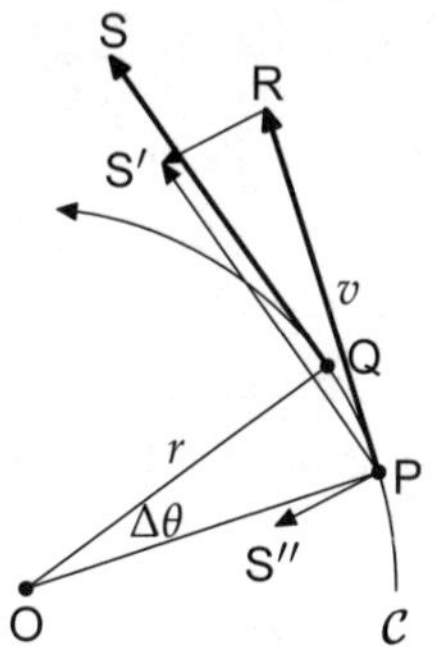

Figure 10.2 Recherche de l'accélération dans le mouvement circulaire uniforme. Durant l'intervalle de temps Δt, une particule de masse m se déplace sur une trajectoire circulaire $\mathcal{C}$ de centre O, du point P au point Q, formant un angle $\Delta\theta$, à une vitesse v et une vitesse angulaire $\omega = v/r$ constantes.

Pour trouver la force permettant de produire ce mouvement circulaire uniforme, la deuxième loi de Newton indique que nous devons chercher quelle est l'accélération de la particule, le taux de variation du vecteur vitesse. Bien que la grandeur de la vitesse

$$v = r\omega \tag{10.2}$$

soit constante, l'accélération n'est pas nulle. Par exemple, un individu situé sur un manège tournant à vitesse angulaire constante ressent une poussée dirigée vers l'extérieur due à la force résultant d'une telle accélération non nulle.

Dans la Figure 10.2, les vecteurs vitesse en P et Q sont respectivement $\overrightarrow{\mathsf{PR}}$ et $\overrightarrow{\mathsf{QS}}$, tous deux de longueur v. Pour pouvoir soustraire ces vecteurs, il faut que leur origine soit commune. De ce fait, le vecteur $\overrightarrow{\mathsf{PS'}}$ est égal au vecteur $\overrightarrow{\mathsf{QS}}$, et la différence $\overrightarrow{\mathsf{PS'}} - \overrightarrow{\mathsf{PR}}$ est égale à $\overrightarrow{\mathsf{RS'}}$. Il est opportun de déplacer ce vecteur en $\overrightarrow{\mathsf{PS''}}$ de sorte que son origine soit au point P. La figure indique que $\overrightarrow{\mathsf{PS''}}$ pointe quasiment vers le centre O du cercle. En réalité, nous pouvons montrer qu'à mesure que $\Delta\theta$ se rapproche de 0, la direction de $\overrightarrow{\mathsf{PS''}}$ tend vers celle du rayon $\overrightarrow{\mathsf{PO}}$.

Si nous mesurons les angles en radians, $r\Delta\theta$ est égal à la longueur de l'arc circulaire PQ. Les triangles $\triangle$PRS' et $\triangle$OPQ sont isocèles et semblables. Par conséquent,

$$\frac{\overline{\mathsf{PQ}}}{r} = \frac{\overline{\mathsf{RS'}}}{v}. \tag{10.3}$$

Or la longueur de l'arc PQ est proche de celle du segment de droite PQ, donc

$$\Delta\theta \approx \frac{\overline{\mathsf{RS'}}}{v}. \tag{10.4}$$

Le vecteur accélération moyen lorsque la particule se déplace de P à Q pendant un temps Δt est égal à la variation de la vitesse pendant Δt

$$\frac{\overrightarrow{\mathsf{QS}} - \overrightarrow{\mathsf{PR}}}{\Delta t} = \frac{\overrightarrow{\mathsf{RS'}}}{\Delta t}. \tag{10.5}$$

D'après (10.4), la grandeur de ce vecteur accélération moyen vaut approximativement

$$v\frac{\Delta\theta}{\Delta t}.$$

Nous pouvons montrer que l'approximation ci-dessus est suffisante pour s'assurer que, à mesure que Δt se rapproche de 0, la grandeur de l'accélération tend vers

$$v\frac{\mathrm{d}\theta}{\mathrm{d}t} = v\omega.$$

En incorporant (10.2), cette valeur est aussi égale à

$$r\omega^2 = \frac{v^2}{r}. \tag{10.6}$$

La direction du vecteur accélération est la direction asymptotique de $\overrightarrow{\mathsf{PS}''}$, qui, comme noté ci-dessus, coïncide avec celle du rayon vecteur $\overrightarrow{\mathsf{PO}}$.

Ainsi, selon la deuxième loi de Newton, afin de maintenir un mouvement circulaire uniforme, une force centripète de grandeur mv^2/r est requise.

Moment cinétique

La dynamique de la rotation possède des applications non seulement dans l'étude du Système solaire, mais également dans des phénomènes plus terre-à-terre, allant des tornades aux pirouettes des danseurs de ballets, en passant par la toupie et le tourbillon d'une chasse d'eau. Est-il vrai que le sens dans lequel tourne l'eau qui chute dans un siphon dépend de l'hémisphère où nous nous situons ? Pourquoi un patineur à glace peut-il accroître sa vitesse de rotation en ramenant ses bras et ses jambes vers son axe central ?

Dans cette section, on introduit le concept de moment cinétique. Newton découvrit que la conservation du moment cinétique est équivalente à la deuxième loi de Kepler.

Considérez un objet quelconque se mouvant par rapport à un axe fixe. Par exemple, cet objet pourrait être une planète et l'axe, le Soleil. Le cas le plus simple, indiqué dans la Figure 10.3, est une unique particule P de masse constante m se déplaçant dans les deux dimensions d'un plan, et l'axe est le point fixe O. Notons r la distance radiale $\overline{\mathsf{OP}}$, et θ l'angle entre OP et une demi droite l donnée, commençant au point O. L'angle peut être positif ou négatif, selon que le sens soit antihoraire ou horaire. De surcroît, ω représente la vitesse angulaire de P par rapport à O – c'est-à-dire que $\omega = \mathrm{d}\theta/\mathrm{d}t$, le taux de variation de l'angle θ.

Le *moment cinétique* L de la particule P, l'analogue de la quantité de mouvement mentionnée dans la deuxième loi de Newton, est défini par la formule

$$L = mr^2\omega, \tag{10.7}$$

la masse multipliée par le carré de la distance radiale et par la vitesse angulaire. Le terme

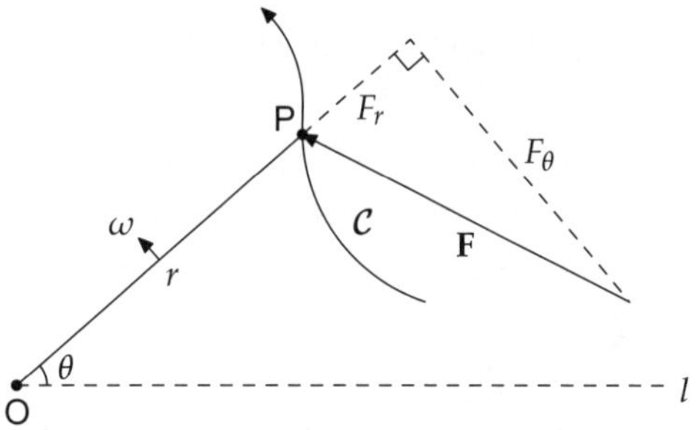

Figure 10.3 Dynamique de rotation de la particule P par rapport à l'axe O. La particule P de masse constante m se déplace sur une trajectoire courbe $\mathcal{C}$ et est sujette à la force **F**. Le moment cinétique L de cette particule est égal à $mr^2\omega$. Le *couple* N est défini comme étant la composante angulaire F_θ de la force **F** multipliée par le rayon : $N = rF_\theta$.

moment cinétique est employé parce que, comme nous le verrons, celui-ci est au mouvement de rotation ce que le moment linéaire – la quantité de mouvement mentionnée dans la deuxième loi de Newton, dans la Section 10.1 – est au mouvement en ligne droite.

Dans cette section, les propositions concernant le moment cinétique présupposent que le mouvement est celui d'une *particule unique* dans un *plan bidimensionnel*. Même si le moment cinétique peut être considéré sous un angle plus général, c'est le modèle le plus simple d'orbite planétaire.

Supposez qu'une force **F** agisse sur une particule P, comme l'indique la Figure 10.3. Cette force **F**, une quantité vectorielle, possède une grandeur et une direction : on la décrit complètement en précisant ses *composantes*. La Figure 10.3 révèle la force **F** ainsi que ses composantes radiale et angulaire, respectivement F_r et F_θ. Le *couple* N, par rapport à O, produit par la force **F** appliquée au point P est défini comme étant la distance $\overline{OP}$ entre l'axe O et le point P multipliée par la composante angulaire de la force – c'est-à-dire, $N = rF_\theta$. Remarquez qu'une force centripète, une force d'attraction ou de répulsion dirigée radialement selon OP, produit un couple nul sur la particule en P. La gravitation est un exemple de force centripète. Une force centripète convenablement appliquée peut engendrer une large palette de trajectoires, dont celle indiquée dans la Figure 10.3. On ne prend cependant pas en considération une force centripète, quelle qu'elle soit, dans cette figure car le couple associé est nul.

On peut montrer grâce aux lois du mouvement de Newton que le couple N est égal au taux de variation du moment cinétique L dans le temps. La relation est analogue à la deuxième loi de Newton, qui stipule que la force est égale au taux de variation de la *quantité de mouvement* (le moment *linéaire*).

On peut modifier la Figure 10.3 de façon à inclure plus de particules : le couple total est alors la somme des couples correspondant à chaque particule. Les forces dirigées radialement ou le long d'une droite reliant deux particules quelconques peuvent être ignorées dans ce calcul. Le couple totale est égal au taux de variation du moment cinétique total dans le temps.

Proposition 10.1 (Conservation du moment cinétique). Si le couple total est nul, le moment cinétique total du système est constant.

La conservation du moment cinétique entre en jeu lorsqu'un patineur tourne sur lui-même de plus en plus vite simplement en ramenant ses bras et ses jambes vers son axe de rotation.

Les Figures 10.4a et b révèlent la trajectoire de la particule de la Figure 10.3 sans couple agissant sur elle. (Il peut s'agir d'une force radiale d'attraction ou de répulsion, mais comme indiqué précédemment, une telle force ne produit aucun couple et ne possède aucun effet sur le moment cinétique.) Par conséquent, la particule mobile de ces figures doit voir son moment cinétique conservé. Autrement dit, d'après l'équation (10.7), même si r et ω peuvent tous deux varier dans le temps, le produit $L = mr^2\omega$ doit demeurer constant.

Proposition 10.2. Le moment cinétique $L = mr^2\omega$, par rapport à un axe situé en O, d'une particule de masse m se déplaçant dans les deux dimensions d'un plan est également donné par la formule

$$L = 2m\frac{\mathrm{d}A}{\mathrm{d}t} \tag{10.8}$$

où $\mathrm{d}A/\mathrm{d}t$ est le taux de variation de l'aire balayée par le rayon allant de O à la particule mobile.

Par exemple, dans la Figure 10.4a, si la particule va du point P au point Q puis de Q à R dans des intervalles de temps égaux Δt, alors les deux aires notées $\mathcal{A}$ sont égales.

Démonstration de la Proposition 10.2. L'argumentation suivante est plutôt destinée à établir sa recevabilité. Un raisonnement mathématique rigoureux devrait se fonder sur des hypothèses plus prudentes au sujet de la régularité de la courbe $\mathcal{C}$ et du traitement détaillé de l'estimation des erreurs.

Dans la Figure 10.4b, deux points voisins P_1 et P_2 situés sur la courbe $\mathcal{C}$ sont reliés à O. Hormis le fait que $\mathsf{P}_1\mathsf{P}_2$ ne soit pas un segment de droite, $\mathsf{OP}_1\mathsf{P}_2$ ressemble à un triangle effilé. La courbe pointillée $\mathcal{D}$ est un arc de cercle de centre O et de rayon $r_1 = \overline{\mathsf{OP}_1}$. La région grisée $\mathsf{OP}_1\mathsf{Q}$ est un secteur du cercle $\mathcal{D}$, d'angle centripète $\Delta\theta$ mesuré en radians (1 radian $= 180/\pi$ degrés). Le rapport de l'aire du secteur $\mathsf{OP}_1\mathsf{Q}$ à l'aire du cercle $\mathcal{D}$ tout entier est égal au rapport de l'angle $\Delta\theta$ à la mesure angulaire 2π du cercle complet. Il s'ensuit que l'aire du secteur est égale à l'aire πr_1^2 du cercle entier multipliée par $\Delta\theta/2\pi$. En notant ΔA l'aire de la région grisée,

$$\Delta A = \frac{1}{2}r_1^2\Delta\theta.$$

(La même formule avec des angles exprimés en degrés est légèrement plus compliquée.)

L'aire ΔA du secteur grisé $\mathsf{OP}_1\mathsf{Q}$ est une approximation de l'aire de la région $\mathsf{OP}_1\mathsf{P}_2$ d'erreur égale à l'aire de la minuscule région $\mathsf{QP}_1\mathsf{P}_2$. Si l'angle $\Delta\theta$ est réduit de moitié, l'aire du secteur grisé l'est également et l'aire du triangle d'erreur $\mathsf{QP}_1\mathsf{P}_2$ est divisée par quatre. En d'autres

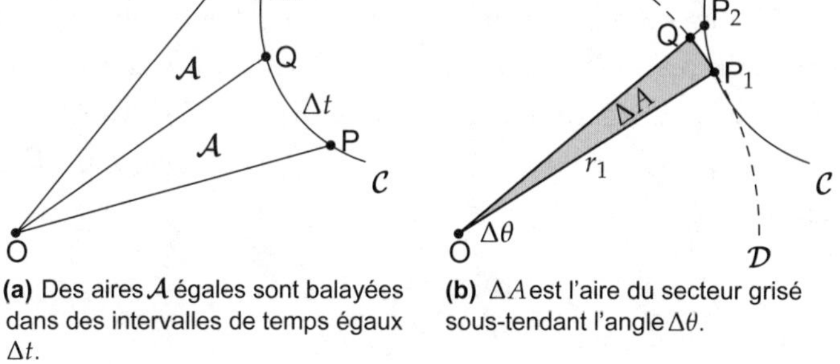

(a) Des aires $\mathcal{A}$ égales sont balayées dans des intervalles de temps égaux Δt.

(b) ΔA est l'aire du secteur grisé sous-tendant l'angle $\Delta\theta$.

Figure 10.4

termes, l'usage du secteur grisé OP_1Q comme approximation de l'aire OP_1P_2 permet lorsque l'on réduit l'angle $\Delta\theta$ de moitié, de diviser approximativement par deux l'erreur *en pourcentage.*

Ainsi, si la particule voyage de P_1 à P_2 dans une durée Δt, tandis que le rayon issu de O balaie l'aire ΔA, le taux de variation moyen de cette aire est approximativement donné par

$$\frac{\Delta A}{\Delta t} = \frac{1}{2} r_1^2 \frac{\Delta\theta}{\Delta t}.$$

De l'argument précédent, on déduit que le pourcentage d'erreur de cette approximation tend vers zéro à une progression géométrique. Les mathématiciens de l'époque de Newton auraient dit que si l'angle $\mathrm{d}\theta$ et l'aire $\mathrm{d}A$ correspondent à l'intervalle *infinitésimal* de temps $\mathrm{d}t$, alors la *variation instantanée* $\mathrm{d}A/\mathrm{d}t$ à laquelle l'aire est balayée lorsque la particule se trouve au point P_1 est *exactement*

$$\frac{\mathrm{d}A}{\mathrm{d}t} = \frac{1}{2} r_1^2 \frac{\mathrm{d}\theta}{\mathrm{d}t}. \tag{10.9}$$

□

Si une particule voyage sans subir un quelconque couple, alors les Propositions 10.1 et 10.2 impliquent que l'aire soit balayée à un taux constant. Or la condition prescrivant des aires égales en des temps égaux correspond précisément à la deuxième loi de Kepler ! Du coup, celle-ci est équivalente à l'assertion qu'une planète gravite de façon à ce que *son moment cinétique par rapport au Soleil soit constant.*

Les Propositions 10.1 et 10.2 montrent que *toute* force centripète d'attraction ou de répulsion doit engendrer un mouvement qui vérifie la deuxième loi de Kepler. Celle-ci ne permet pas de déterminer la loi en inverse du carré de l'attraction gravitationnelle parce que la quantité de mouvement est également conservée dans ce cas. Toutefois, nous verrons que la première loi de Kepler, qui postule que les orbites planétaires sont des ellipses où le Soleil est situé en l'un des foyers, procure l'indice supplémentaire nécessaire pour en déduire la loi en inverse du carré.

Une variante de la Proposition 10.2 qui sera ultérieurement utile est illustrée dans la Figure 10.5, où une particule se déplace sur une trajectoire $\mathcal{C}$. Nous allons déterminer une nouvelle formule pour le moment cinétique par rapport au point O. Au point P, la distance radiale est $r = \overline{OP}$ et la tangente est la droite $\mathcal{T}$, laquelle détermine la direction du vecteur vitesse $\overrightarrow{PR}$ dont la norme (la grandeur) est notée p. La composante de la vitesse dans la direction de rotation autour de O est $q = PS$. La droite passant par O et perpendiculaire à la tangente coupe $\mathcal{T}$ au point Q. La distance entre la tangente $\mathcal{T}$ et l'axe O est notée $s = \overline{OQ}$.

La vitesse angulaire ω en P est donnée par $\omega = q/r$. Les triangles $\triangle OPQ$ et $\triangle PRS$ sont semblables et, par conséquent, $q/p = s/r$. Ainsi, en vertu de (10.7), le moment cinétique s'exprime ainsi

$$L = mr^2\omega = mr^2(q/r) = mrq = mps.$$

La proposition qui suit résume ce résultat :

Proposition 10.3. Supposez qu'une particule (de masse m) située en un point P se déplace par rapport à l'axe O. Comme dans la Figure 10.5, supposez également que p, q, r et s soient respectivement la vitesse, sa composante angulaire, la distance radiale et la distance de la tangente, alors le moment cinétique L est donné par l'équation

$$L = mrq = mps. \tag{10.10}$$

L'effet Coriolis

La première loi du mouvement de Newton, la loi de l'inertie, déclare qu'une particule au repos demeure au repos, et qu'une particule en mouvement continue à se mouvoir en ligne droite à vitesse constante tant qu'aucune force externe n'agit sur elle. La loi de l'inertie est valide pour un observateur, qu'on appelle *observateur inertiel*, dont le référentiel n'accélère pas – une condition qui exclut la rotation. Toute déviation à la loi de l'inertie, observée depuis un référentiel en rotation, est appelée effet Coriolis, du nom du mathématicien français Gaspard-Gustave de Coriolis (1792–1843), qui étudia cette question. Newton a formulé la loi de l'inertie même si ses observations étaient effectuées sur une planète en rotation parce que, sur des distances suffisamment courtes et à des vitesses assez faibles, l'effet Coriolis est négligeable.

L'effet Coriolis est trop faible pour pouvoir affecter l'écoulement d'une chasse d'eau, mais il exerce une influence majeure sur les courants atmosphériques et océaniques du fait qu'ils recouvrent de vastes distances. L'effet Coriolis produit des effets cycloniques sur l'atmosphère, dans le sens horaire pour l'hémisphère nord et antihoraire pour l'hémisphère sud. Grâce à cet effet, la météo mondiale change de jour en jour. L'effet Coriolis explique également la présence des pôles magnétiques, qui résultent du mouvement cyclonique de particules chargées dans la masse métallique fondue profondément enfouie au sein de la Terre.

Dans l'hémisphère nord, l'effet Coriolis dévie un ballon jeté dans n'importe quelle direction légèrement vers la droite[5]. Un ballon lancé vers l'est vire au sud parce qu'il tend à suivre un grand cercle plutôt qu'un cercle de latitude. Un autre lancé vers le nord vire à l'est du fait de la conservation du moment cinétique. Plutôt que d'approfondir ces deux idées, nous allons

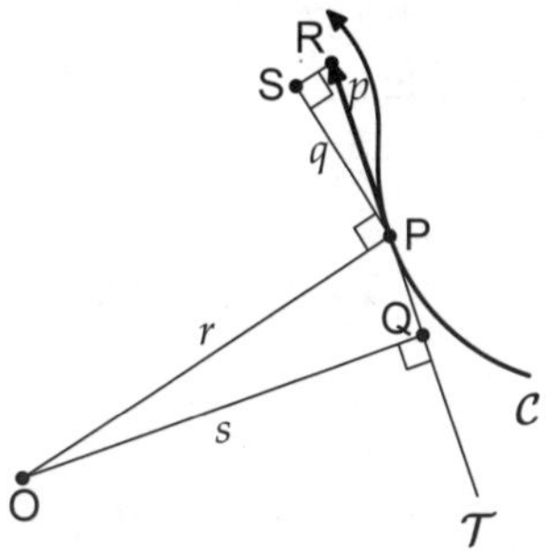

Figure 10.5

nous contenter de dériver l'effet Coriolis par les deux étapes suivantes. (1) Déterminer le mouvement d'un objet du point de vue d'un observateur inertiel. (2) Traduire le mouvement perçu par un observateur inertiel dans le référentiel d'un observateur en rotation. Les deux sections suivantes utilisent cette méthode pour analyser l'effet Coriolis dans deux situations : une bille perdue et la dérive d'un astronaute.

La bille perdue

Problème 10.1. Suzanne, un enfant goûtant aux joies d'un manège, lâche accidentellement une bille. Trouvez la trajectoire de cette bille.

Faisons tout d'abord quelques hypothèses :

1. Le carrousel tourne dans le sens horaire à vitesse angulaire constante.
2. La position initiale de la bille est à mi-chemin entre le centre et la circonférence du manège.
3. Le frottement agissant sur la bille est négligeable, et la dynamique de rotation de la bille peut être ignorée. Nous idéalisons cette bille par une particule qui glisse sans frottement.
4. La vitesse initiale de la bille est nulle par rapport au manège en fonctionnement.
5. La bille roule librement sans rencontrer d'obstacle.

La Figure 10.6 superpose deux images de la bille en mouvement : (1) celle vue par Albert, le père de Suzanne, un observateur inertiel[6] qui demeure en dehors du manège, et (2) celle vue par Suzanne, une observatrice en rotation. Albert voit le manège tourner dans le sens horaire, tandis que Suzanne le voit immobile mais pour elle, le reste du monde, dont Albert, tourne dans le sens antihoraire.

Le cercle $\mathcal{M}$ est le bord externe du carrousel, et $\mathcal{N}$ est un cercle concentrique avec $\mathcal{M}$ dont le rayon est réduit de moitié. Suzanne lâche sa bille en P, un point de $\mathcal{N}$. La droite $\mathcal{L}$ est tangente à $\mathcal{N}$ en P. Albert se trouve en A, un point situé en dehors du disque $\mathcal{M}$ sur le prolongement de la tangente $\mathcal{L}$.

Au départ, la bille possède une vitesse égale à celle du manège en rotation et dirigée le long de la droite $\mathcal{L}$. Puisque P est à mi-chemin entre le centre O et le cercle extérieur $\mathcal{M}$, la vitesse de P est initialement de la moitié de celle des points du cercle $\mathcal{M}$. Albert, l'observateur inertiel, voit la bille continuer à rouler dans sa direction le long de la droite $\mathcal{L}$ à vitesse constante – en accord avec la loi de l'inertie de Newton.

Supposez qu'Albert éclaire brièvement la bille avec sa lampe torche à six intervalles de temps égaux, le long de la droite $\mathcal{L}$ – une fois, au départ, où la bille est en P puis, ensuite, lorsque celle-ci parvient aux points $\mathsf{Q}, \ldots, \mathsf{U}$.

Puisqu'elle est en rotation, Suzanne voit la bille rouler sur le plancher du manège en suivant la trajectoire $\mathcal{C}$. Pour comprendre comment construire $\mathcal{C}$, nous transformons la droite $\mathcal{L}$, la trajectoire de la bille observée par Albert, l'observateur inertiel situé en A, en la courbe vue par Suzanne et les autres observateurs en rotation. Suzanne voit le premier flash lumineux de la lampe d'Albert éclairer la bille en P sur la droite $\mathcal{L}$. Lorsqu'Albert éclaire la deuxième fois, Suzanne a tourné jusqu'à une nouvelle position. De son point de vue, c'est Albert qui a tourné dans le sens antihoraire jusqu'au point A', et elle voit le deuxième faisceau emprunter la droite $\mathcal{L}'$ pour éclairer la bille en Q' et effleurer le cercle $\mathcal{N}$ tangentiellement au point Q''. De façon similaire, les quatre signaux lumineux restants éclairent la bille aux points R', ..., U' rencontrant tangentiellement $\mathcal{N}$ respectivement en R'', S'', T'' et U''. La trajectoire de la bille, le but du Problème 10.1, est la courbe $\mathcal{C}$ tracée en reliant les points P, Q', R', S', T' et U'.

Remarques

La construction de la courbe $\mathcal{C}$ ne dépend pas de la valeur de la vitesse constante de rotation du manège. La longueur de l'arc $\widehat{\mathrm{PU''}}$ est égale à celle du segment $\overline{\mathrm{PU}}$ parce que le cercle $\mathcal{N}$ tourne à la même vitesse que celle communiquée initialement à la bille au point P. L'angle sous-tendu au centre O par l'arc $\widehat{\mathrm{PU''}}$ est celui le long duquel le manège a tourné pendant que la bille achève son voyage suivant la courbe $\mathcal{C}$[7].

La section suivante considère un exemple d'effet Coriolis dû à la rotation de la Terre. Pour emprunter une métaphore de McIntyre (2000)[8], imaginez que la Terre soit parfaitement sphérique et recouverte d'une couche de glace où l'on glisse sans subir un quelconque frottement. Comme nous allons le voir, à cause de l'effet Coriolis, un objet initialement au repos suit une trajectoire courbe.

La dérive de l'astronaute endormi

À cinq milliards d'années dans le futur, Pi, un astronaute venant d'une autre galaxie visite notre planète, alors réduite à une sphère lisse de glace. Il atterrit à 60° Nord et 11° Est, où se trouvait jadis la ville norvégienne d'Oslo – le point P de la Figure 10.7. Fatigué de son long voyage, l'astronaute pose son tapis de mousse et son sac de couchage sur le sol glacé, retire

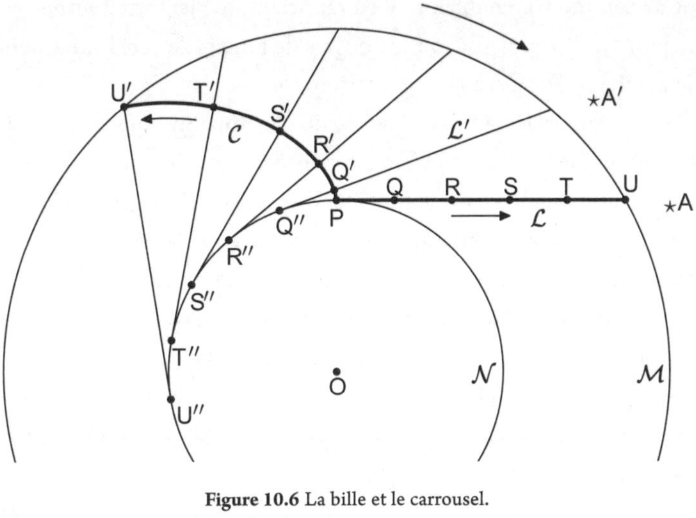

Figure 10.6 La bille et le carrousel.

ses bottes et se réjouit de profiter de douze heures de sommeil ininterrompu. Dès que Pi ôte ses bottes cloutées, qui accrochaient sur la glace, il perd le contrôle de sa position dans cet environnement dénué de tout frottement. À partir de ce moment-là, l'absence de frottement implique que la rotation de la planète n'a plus aucun effet sur son mouvement ultérieur, qui ne dépend que de la vitesse initiale que lui avait imparti la Terre en rotation au moment où il retira ses bottes.

Pour découvrir quel sera le mouvement de Pi, il est plus simple d'adopter le point de vue d'un observateur qui ne tourne pas avec la Terre, un observateur inertiel nommé OI. Nous, au contraire, terriens que nous sommes, nous subsistons en tant qu'observateurs en rotation. L'observateur inertiel se sert des étoiles fixes pour son orientation. Il est guidé par un globe céleste là où l'observateur en rotation utilise un globe terrestre. Afin de bien garder à l'esprit ces deux observateurs, songez à deux globes – un globe céleste transparent pour guider l'observateur inertiel et un globe terrestre qui tourne avec l'observateur en rotation, afin de le guider. Lorsqu'un observateur en rotation, appelons-le OR, regagne sa demeure après une heure d'absence, il considère qu'il revient à l'emplacement qu'il avait quitté. D'un autre côté, selon le point de vue de OI, on doit tenir compte de la rotation de la Terre : OI observe que OR revient à un point situé à 15° de longitude vers l'est d'où il est parti. (Dans tout cet exemple, on entend par *heure, heure sidérale*. La Terre effectue une rotation complète par rapport aux étoiles fixes en un jour sidéral, soit 24 heures sidérales. La valeur actuelle de l'heure sidérale s'élève à 0,997 heures ordinaires, mais dans le lointain futur de l'atterrissage de Pi, une heure sidérale sera fort différente.)

Par analogie avec le problème précédent, la bille roulant sur le manège, l'analyse du mouvement de Pi est faite en deux étapes. (1) On dessine son mouvement tel que le percevrait OI, et (2) on traduit cette courbe selon le point de vue de OR. L'étape 2 est réalisée ainsi : on déplace, d'une distance appropriée vers l'ouest, chaque point de la courbe obtenue par l'observateur inertiel. En particulier, si un point du graphe de OI représente la position d'un objet t heures après le début de son mouvement, alors – en rappelant que la Terre tourne vers l'est de 15° par heure – ce point doit être décalé de $15t$ degrés de longitude vers l'ouest pour retrouver la position sur le graphe de l'observateur en rotation.

Il est nécessaire d'adapter ici la loi de l'inertie de Newton. Sur une planète glissante qui ne tourne pas, un objet qui reçoit une impulsion initiale continue à se mouvoir à vitesse constante sur une trajectoire qui coïncide avec une corde tendue sur la surface gelée[9]. Une telle trajectoire est un grand cercle de la planète sphérique. Les méridiens de longitude en sont des exemples, mais tout cercle de latitude autre que l'équateur n'est pas un grand cercle.

L'absence de frottement implique que le mouvement que suivra un objet glissant, après que sa vitesse initiale ait été établie, dessine un grand cercle, *même si la planète tourne*. Cependant, cela n'est vrai que pour un observateur inertiel – un observateur qui ne tourne pas avec la planète. Pour lui, les étoiles sont immobiles, tandis qu'un observateur tournant avec la planète les voit traverser le ciel d'est en ouest.

La Figure 10.7 révèle comment OI voit Pi se déplacer selon une trajectoire qui diffère de celle de ses bottes, solidement agrippées au sol gelé. Les bottes et l'astronaute démarrent au point P, mais au bout de deux heures, durée pendant laquelle la Terre a tourné de 30°, les bottes, suivant le cercle de latitude $\mathcal{L}$, se retrouvent au point Q" tandis que Pi, qui suit le grand cercle $\mathcal{C}$, s'est déplacé jusqu'au point Q.

Comme mentionné ci-dessus, lorsque Pi retire ses bottes, il possède une vitesse initiale dirigée vers l'est – la vitesse de rotation vers l'est d'un point de la planète situé à 60° Nord. Le mouvement ultérieur de Pi suit le grand cercle ayant cette direction initiale. Comme l'indique la Figure 10.7, le cercle $\mathcal{L}$ de latitude 60° N et le grand cercle $\mathcal{C}$ sont tangents à la position initiale P de Pi.

L'observateur en rotation, OR, perçoit le mouvement de Pi de manière radicalement différente – par rapport au globe fixe plutôt que celui en rotation observé par OI. Comme indiqué sur la Figure 10.7, OR voit les bottes de Pi demeurer au point P et celui-ci glisser le long de la courbe $\mathcal{D}$, qui est reliée à $\mathcal{C}$ (la trajectoire de Pi selon OI) comme suit. Au bout de deux heures, la planète a tourné de 30° vers l'est. OI situe Pi au point Q, mais OR, qui ne ressent pas cette rotation vers l'est, pense que OI a localisé Pi de 30° de trop vers l'est et le situe au point Q'. De façon similaire, au bout de quatre heures OR situe Pi au point R', à 60° à l'ouest de R, la position déterminée par OI, et ainsi de suite.

Lorsque Pi se réveille au bout de ses douze heures de sommeil, ses bottes sont introuvables ! En réalité, il a glissé le long d'une trajectoire courbe partant de la Norvège, traversant l'Atlantique pour aboutir à Quito en Équateur, à 5 400 milles marins de sa position d'origine. Sans ses bottes cloutées, Pi n'a d'autres choix que de continuer à glisser. Poursuivra-t-il son mouvement

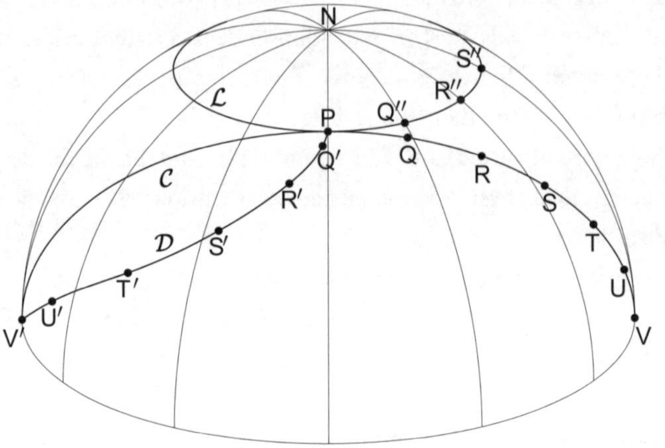

Figure 10.7 L'astronaute en dérive est initialement au point P de $\mathcal{L}$, le cercle de 60° Nord de latitude. La courbe $\mathcal{C}$ est le grand cercle tangent à $\mathcal{L}$ en P. L'observateur inertiel (qui ne tourne pas) voit que la courbe $\mathcal{C}$ est la trajectoire de l'astronaute qui glisse. Les points Q, R, ..., V marquent sa position à deux heures d'intervalle. Entre-temps, les positions correspondantes de ses bottes sont situées sur le cercle de latitude $\mathcal{C}$ en Q", R", S", ... L'observateur qui tourne avec la planète voit que la trajectoire de l'astronaute en dérive est $\mathcal{D}$. Les positions de Pi à deux heures d'intervalle sont les points Q', R', ..., V'. Pour cet observateur, les bottes de l'astronaute demeurent immobiles au point P. Puisque la Terre tourne de 15° vers l'est par heure sidérale, on retrouve les points Q', R', ..., V' en déplaçant les points Q, R, ..., V vers l'ouest – de 30° pour Q, de 60° pour R, de 90° pour S, de 120° pour T, de 150° pour U et de 180° pour V.

de dérive jusqu'à ce qu'il meure d'irradiation, de soif ou de faim ? Avant de répondre à cette question, considérons quelques conséquences de l'atterrissage de Pi au site initial situé à 60° de latitude.

On peut montrer que le rayon du cercle $\mathcal{L}$ est exactement la moitié de celui de $\mathcal{C}$[10]. Par conséquent, la vitesse d'un point de la surface terrestre situé à 60° de latitude est tout simplement la moitié de la vitesse d'un point situé à l'équateur. Ainsi, la vitesse initiale de Pi, du point de vue de OI, est exactement égale à la moitié de celle d'un point de l'équateur. Donc, en deux jours sidéraux, Pi aura effectué le tour complet du grand cercle $\mathcal{C}$, pendant que ses bottes auront fait exactement *deux fois* le tour de $\mathcal{L}$. À cet instant, Pi rejoindra ses bottes. Ces retrouvailles heureuses peuvent avoir lieu parce que Pi a eu la bonne intuition de choisir son site d'atterrissage à 60° de latitude.

Au moment où Pi retrouve ses bottes, sa vitesse de dérive s'annule momentanément et s'il ne saisit pas cette occasion pour les chausser, il repartira pour une nouvelle glissade de deux jours.

Pendant son sommeil de douze heures, selon OI, Pi a dérivé *vers l'est* jusqu'au point V de l'équateur. Selon OR, il a dérivé *vers l'ouest* jusqu'au point V' de l'équateur. Il semblerait que les points V et V' soient diamétralement opposés, mais, en réalité, ce sont une seule et même position vue selon deux points de vue différents.

Le pendule de Foucault

Le pendule de Foucault, du nom du physicien français Léon Foucault (1819–1896), est une manifestation de l'effet Coriolis que l'on peut admirer dans certains musées et planétariums – c'est un pendule suspendu à 12 mètres ou plus et dont la masse pèse au moins 22 kilogrammes. Ce pendule procure une preuve dynamique de la rotation de la Terre par sa précession horaire dans l'hémisphère nord et antihoraire dans l'hémisphère sud. La vitesse de précession varie selon le lieu géographique et est déterminée par l'effet Coriolis. Sa dérivation mathématique sort du cadre de ce livre.

Il y a plusieurs années, alors que j'étais élève assistant dans un cours de physique, je participai à la démonstration d'un pendule de Foucault qui était suspendu au plafond du Bridges Auditorium à Pomona College – une vaste salle de conférence d'environ 2 500 places sous un plafond en forme de dôme de plus de 12 mètres de haut. Le câble supportant le pendule de Foucault traversait le point culminant du dôme par un orifice, et était suspendu environ 3 mètres plus haut à un point de fixation situé sur un dôme externe. Comme la classe était réunie en bas, autour du pendule, je me frayais un chemin dans l'espace obscur et poussiéreux situé entre les dômes interne et externe. Finalement, je grimpai à une échelle pour parvenir au point le plus haut puis j'activai un mécanisme assurant que les oscillations du pendule ne diminuassent pas dans le temps. Ce dispositif contrebalançait les effets dus au frottement, tels que la résistance aérodynamique du pendule, en raccourcissant puis allongeant une fois le câble à chaque oscillation du pendule, simulant ainsi les « chiquenaudes » d'un enfant sur une balançoire. Cet allongement et ce raccourcissement périodiques du câble n'altéraient en rien la précession naturelle du pendule.

10.3. LA LOI DE LA GRAVITATION UNIVERSELLE

Dans la section précédente, nous avons montré que la deuxième loi de Kepler est équivalente au principe de la conservation du moment cinétique. La mécanique newtonienne implique que toute loi de force centrale d'attraction ou de répulsion est cohérente avec ce principe. Newton a montré que la première loi de Kepler, où le Soleil occupe un foyer des orbites elliptiques, entraîne l'existence d'une force centripète d'une forme particulière : la *loi en inverse du carré.*

L'attraction gravitationnelle est la première théorie d'*action à distance* – un type d'interaction que, dans un autre contexte, Einstein aurait qualifié d'« effrayant ».

La loi en inverse du carré peut s'observer dans d'autres situations. Par exemple, la brillance – la *luminance* – d'une source ponctuelle de lumière, qui peut être mesurée avec le posemètre d'un photographe, diminue selon la loi en inverse du carré à mesure que la distance à l'observateur augmente. La Figure 10.8 montre les rayons lumineux émanant d'une source ponctuelle en O. Si la luminance à une distance d est L, alors celles aux distances $2d$ et $3d$ valent respectivement $L/4$ et $L/9$. Cet exemple indique que la loi en inverse du carré n'est pas une notion ésotérique. Au contraire, elle dérive de concepts géométriques intuitifs.

En 1684, l'astronome Edmond Halley soumit à Newton, alors professeur à Cambridge, l'interrogation suivante : si le Soleil attire une planète avec une force inversement proportionnelle au carré de sa distance, quelle serait la forme de l'orbite planétaire ? Newton répliqua immédiatement : « une ellipse ». Halley, interloqué, demanda à Newton sur quoi il s'appuyait pour affirmer cela. « Je l'ai calculé », répondit-il. Il l'invita alors à fournir plus de détails, et Newton promit de les envoyer rapidement. Après plusieurs mois, Halley reçut un traité de Newton, *De motu* (*Du mouvement des corps*), sur ce sujet.

Cet ouvrage de Newton marque l'avènement de la science de l'*astrodynamique*, l'application de la dynamique à l'étude du mouvement des corps de l'espace gouverné par l'attraction gravitationnelle. Aujourd'hui, l'astrodynamique recouvre le calcul des orbites des satellites artificiels. Les astrodynamiciens évaluent les conditions permettant de lancer des fusées pour atteindre les orbites voulues – passage obligé des expéditions lunaires ou martiennes.

La réticence de Newton à informer ses collègues des avancées dans ses recherches est

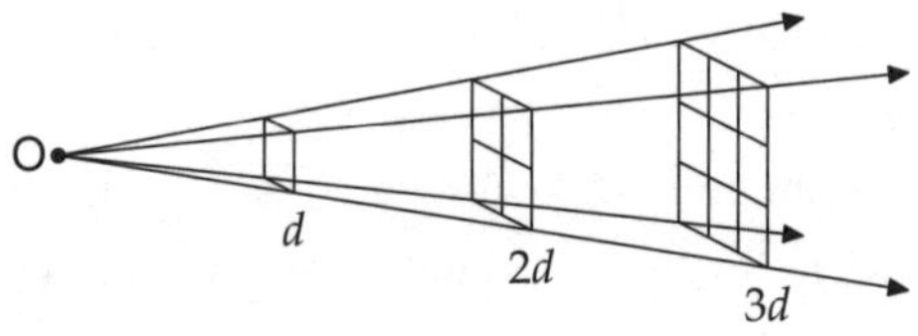

Figure 10.8 La luminance d'une source ponctuelle de lumière située en O diminue selon la loi en inverse du carré.

récurrente, chez lui. Il a découvert le calcul infinitésimal longtemps avant de le publier, et, en conséquence, cela déclencha une controverse acerbe avec Leibniz au sujet de la primauté de cette découverte. Leibniz fut le premier à la publier en 1684, alors que Newton attendit jusqu'en 1693. Le consensus actuel considère que les deux hommes ont découvert le calcul infinitésimal indépendamment l'un de l'autre.

La réponse de Newton à l'interrogation de Halley n'était pas parfaitement exacte. Il aurait été plus correct d'affirmer que la loi de l'attraction en inverse du carré implique que l'orbite soit une section conique, une ellipse, une parabole ou une hyperbole, avec le Soleil en l'un des foyers. Une définition s'impose :

Définition 10.1. Une particule se déplace sur une *orbite képlérienne* par rapport à un point d'attraction F si :

1. la trajectoire du mouvement est une section conique où F occupe l'un des foyers, et
2. le moment cinétique par rapport à F est constant.

Le 5 juillet 1687, Newton publia son chef-d'œuvre, les *Principia*, une mouture largement développée du *De motu*. Les *Principia* posent les fondements de la mécanique classique, et présentent la loi de la gravitation universelle. Newton montre qu'une orbite képlérienne peut être attribuée à la loi en inverse du carré de l'attraction dirigée vers le foyer F. Cette proposition est généralement appelée le problème « direct », même si c'est la proposition inverse de la réponse originale de Newton à Halley. (Dans les *Principia,* Newton ne traite pas uniquement des ellipses, mais également des autres sections coniques – les paraboles et les hyperboles.) Newton proclama également dans son livre avoir démontré la véritable généralisation de sa réponse originale à Halley – que l'on appelle plus communément le problème « inverse » – stipulant que la loi en inverse du carré implique que les orbites soient des sections coniques[11]. Néanmoins, on dit (Weinstock, 2000) que Newton n'est pas parvenu à honorer cette revendication – nous en dirons plus par la suite.

La traduction des *Principia* permet de rendre ce travail plus accessible, mais son style géométrique demeure rebutant. Newton choisit le langage de la géométrie classique plutôt que l'analyse, bien que cette dernière fût largement utilisée par les savants de son époque. L'analyse, le langage standard de la physique mathématique aujourd'hui, tire amplement parti de la manipulation et de la notation algébriques – tant pour les développements que pour les démonstrations.

Le lien entre les lois de Kepler et la loi en inverse du carré de l'attraction gravitationnelle a été remanié par de nombreux auteurs. Le traitement élémentaire qu'en donne Richard Feynman est présenté dans *Feyman's Lost Lecture* (Goodstein & Goodstein, 1996). Le mathématicien irlandais William Rowan Hamilton (1805–1865) vit dans le diagramme qu'il baptisa *hodographe* une simplification dans la compréhension de cette question (Hamilton, 1847).

Le problème direct

Cette section donne une démonstration du problème direct dans le cas des orbites elliptiques.

L'hodographe

La Figure 10.9 illustre le concept d'hodographe. La Figure 10.9a exhibe le mouvement d'une particule le long d'une courbe $\mathcal{C}$ d'un point P à un point S. Les vitesses de la particule sont représentées par des flèches tangentes symbolisant leurs grandeurs et leurs directions aux points P, Q, R et S.

Dans la Figure 10.9b, les points P', Q', R' et S' sont déterminés en transportant les flèches de la Figure 10.9a parallèlement à elles-mêmes de sorte que leurs origines coïncident au *point initial* commun O. Si nous imaginons que les autres vecteurs vitesse sont transportés de la sorte, les pointes des flèches dessinent une courbe $\mathcal{H}$ contenant les points P', Q', R' et S'. La courbe $\mathcal{H}$ et le point initial O forment l'*hodographe* du mouvement indiqué dans la Figure 10.9a.

La Proposition 10.4 requiert une petite généralisation du concept d'hodographe. Au lieu de déplacer les vecteurs vitesse parallèlement à eux-mêmes, comme indiqué dans le paragraphe précédent, supposez que ces vecteurs soient tous tournés d'un angle déterminé α. La courbe qui en résulte, avec son point d'origine, est alors appelée un *α-hodographe*. La Figure10.9c révèle un hodographe à 90° de la courbe $\mathcal{C}$ en 10.9a.

Hamilton a utilisé un hodographe pour donner une autre démonstration du résultat de Newton établissant que les deux premières lois de Kepler impliquent qu'une planète est attirée par le Soleil selon une force inversement proportionnelle au carré de la distance les séparant.

Proposition 10.4. Supposons que le mouvement d'une planète vérifie les deux premières lois de Kepler :

1. *L'orbite est une ellipse où le Soleil occupe l'un des foyers, et*
2. *le moment cinétique par rapport au Soleil est constant.*

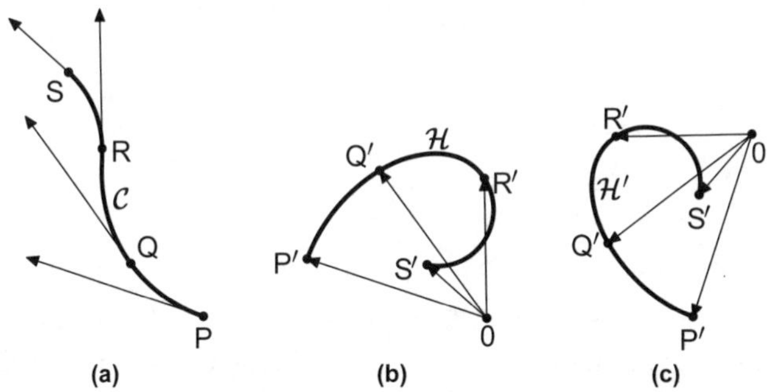

Figure 10.9 En (b), la courbe $\mathcal{H}$ est l'hodographe du mouvement indiqué par la courbe $\mathcal{C}$ en (a), et, en (c), $\mathcal{H}'$ est l'hodographe à 90° de $\mathcal{C}$.

Alors on en déduit que :

a. *Hormis une rotation de* $\pm 90°$ *et un changement d'échelle, le cercle focal centré sur le Soleil est un hodographe où le point initial se trouve au second foyer de l'ellipse, le foyer* vide.
b. *La planète subit une force d'attraction dirigée vers le Soleil qui vérifie la loi en inverse du carré.*

Démonstration de a. La Figure 10.10a est variante plus détaillée de la Figure 7.4a. La Section 7.1 présente une discussion de l'usage du cercle focal $\mathcal{F}$, de centre situé au foyer E et de rayon égal au grand axe $2a$, pour déterminer la tangente à l'ellipse en un point arbitraire P. La droite reliant le foyer E à P coupe le cercle focal en G. Dans la Figure 10.10a, la tangente $\mathcal{T}$ passant par P est la médiatrice du segment FG.

La Figure 10.10a représente une planète sur une orbite elliptique autour du Soleil E. Sa vitesse au point P est le vecteur $\mathbf{v}$ dont la direction est indiquée par la tangente $\mathcal{T}$. Notons v la grandeur du vecteur $\mathbf{v}$.

D'après la Proposition 10.3, le moment cinétique L par rapport au Soleil E est donné par

$$L = mvs \tag{10.11}$$

où m représente la masse de la planète, v la grandeur de sa vitesse $\mathbf{v}$, et s est la distance perpendiculaire entre le Soleil E et la droite tangente $\mathcal{T}$. La deuxième loi de Kepler, combinée à la Proposition 10.2, implique que le moment cinétique L soit constant.

En vertu de la Proposition 7.4, le produit des distances des foyers à la droite tangente $\mathcal{T}$ est égal au carré du demi-petit axe de l'ellipse – c'est-à-dire :

$$qs = b^2. \tag{10.12}$$

On tire des équations (10.11) et (10.12) que v est proportionnel à $\overline{\mathsf{FG}}$. En fait, nous avons

$$v = \frac{L}{ms} = \frac{Lq}{mb^2} = \frac{L}{2mb^2} \cdot \overline{\mathsf{FG}} = k\overline{\mathsf{FG}} \tag{10.13}$$

où

$$k = L/(2mb^2) \tag{10.14}$$

est constant – en partie à cause de la conservation du moment cinétique L.

Qui plus est, FG est perpendiculaire au vecteur vitesse $\overrightarrow{\mathsf{PQ}}$. Puisque le mouvement de la planète se fait dans le sens antihoraire, $\mathcal{F}$ est un hodographe si l'on tient compte d'une rotation de $90°$ (dans le sens antihoraire puisque c'est celui du mouvement de la planète) et d'un changement d'échelle correspondant à la constante k.

Démonstration de b. La Figure 10.10b révèle le mouvement de la planète le long de l'ellipse $\mathcal{E}$. Soit Δt la durée que met la planète pour voyager de P à Q, sous-tendant l'angle $\Delta\theta$ en E. Les points correspondants sur $\mathcal{F}$, le cercle focal centré en E, sont respectivement R et S. Puisque nous venons de montrer que $\mathcal{F}$ est un hodographe (à la rotation et au changement d'échelle près) de point initial situé en F, les vitesses en P et Q sont égales à $k\overline{\mathsf{FR}}$ et $k\overline{\mathsf{FS}}$.

À mesure que la planète progresse de P vers Q, nous allons voir que l'arc RS procure une information différente selon qu'on le considère depuis le foyer F ou E. L'examen de RS depuis le foyer E ou depuis le foyer F donne un renseignement respectivement relatif à la *vitesse angulaire* ou à l'*accélération*.

Considérons RS depuis le foyer E. Dans la Figure 10.10b, l'angle $\Delta\theta$ quantifie le mouvement angulaire de la planète à mesure qu'elle se déplace de P à Q dans l'intervalle de temps Δt. La vitesse angulaire moyenne $\overline{\omega}$ est donnée par

$$\overline{\omega} = \frac{\overline{\mathsf{RS}}}{2a\Delta t}$$

où a est le demi-grand axe de l'ellipse. La limite de cette fraction lorsque Δt tend vers zéro est la vitesse angulaire instantanée ω, également notée $\mathrm{d}\theta/\mathrm{d}t$.

Considérons RS depuis le foyer F. Le cercle focal $\mathcal{F}$ est un hodographe (à la rotation et au changement d'échelle près) de point initial F. Par conséquent, après une rotation antihoraire de 90°, les vecteurs $\overrightarrow{\mathsf{FR}}$ et $\mathbf{u} = \overrightarrow{\mathsf{FS}}$ sont proportionnels aux vecteurs vitesse de la planète aux positions respectives P et Q. La soustraction de ces deux vecteurs donne

$$\overrightarrow{\mathsf{FS}} - \overrightarrow{\mathsf{FR}} = \overrightarrow{\mathsf{RS}} = \Delta\mathbf{u}. \tag{10.15}$$

(Remarquez que le segment orienté $\overrightarrow{\mathsf{RS}}$ concorde assez bien, mais pas exactement, avec l'arc RS.) Ainsi, $k\Delta\mathbf{u} = \overrightarrow{\mathsf{RS}}$ est la variation du vecteur vitesse dans le temps Δt que met la planète pour se mouvoir de P à Q, si l'on ne tient pas compte de la rotation antihoraire de 90°. Le taux de variation de la vitesse est appelé *accélération*. Donc, l'accélération moyenne au cours de la

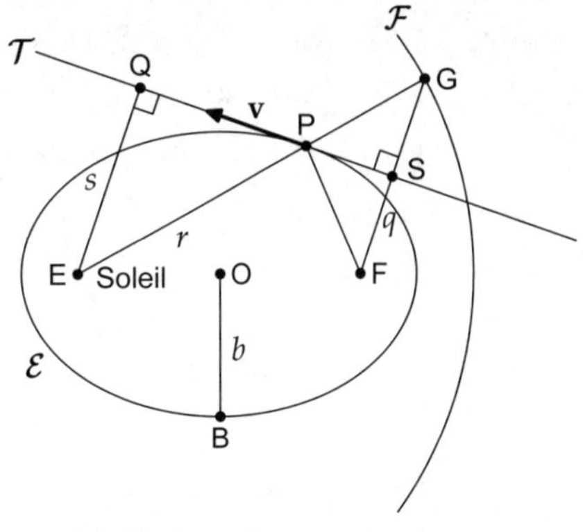

(a) L'hodographe est un cercle.

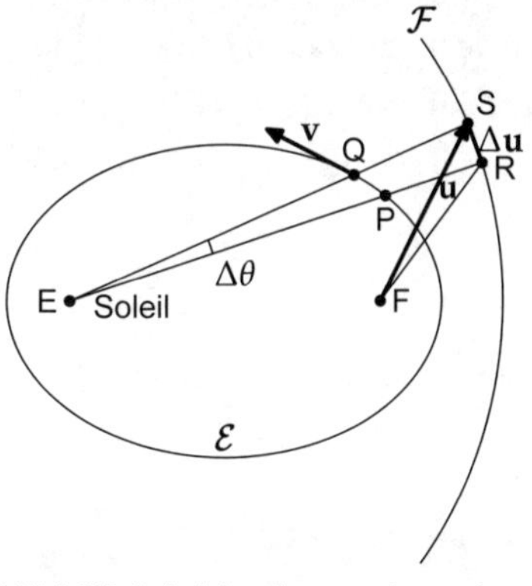

(b) Validité de la loi en inverse du carré.

Figure 10.10 Démonstration de la Proposition 10.3.

période Δt est égale à $k\Delta \mathbf{u}/\Delta t$, et la limite lorsque l'intervalle de temps Δt tend vers zéro est le vecteur accélération instantanée $k\mathrm{d}\mathbf{u}/\mathrm{d}t$. Si nous prenons en compte la rotation de $90°$, nous remarquons que le vecteur accélération pointe vers le Soleil E.

La grandeur de l'accélération moyenne au cours de la période Δt s'élève à $k\overline{\mathsf{RS}}/\Delta t$. En posant que le demi-grand axe de l'ellipse $\mathcal{E}$ est égal à a, on note que le rayon du cercle focal $\mathcal{F}$ vaut $2a$. La mesure de $\Delta\theta$ en radians nous permet de calculer que la longueur de l'arc RS est égal à $2a\Delta\theta$. Ainsi, la grandeur de l'accélération moyenne vaut $2ka\Delta\theta/\Delta t$, et l'accélération instantanée est $2ka\mathrm{d}\theta/\mathrm{d}t = 2a\omega$, où ω est la vitesse angulaire. D'après la deuxième loi de Newton, la planète est sujette à une force dont l'intensité F est égale au produit de la masse m de la planète par son accélération – c'est-à-dire :

$$F = 2kam\omega. \tag{10.16}$$

Comme indiqué ci-dessus, le vecteur accélération est dirigé vers le Soleil. Par conséquent, la force est également dirigée vers le Soleil.

D'après la définition (10.7), le moment cinétique L est donné par $L = mr^2\omega$. Si nous isolons ω du membre de droite, nous obtenons $\omega = L/(mr^2)$. En incorporant cela dans l'équation (10.16), on trouve que

$$F = \frac{2kaL}{r^2} = Kr^{-2} \tag{10.17}$$

où K est une constante. En particulier,

$$K = aL^2/mb^2. \tag{10.18}$$

Puisque a et L sont constants, la formule (10.17) montre que la loi en inverse du carré est vérifiée. □

Newton a démontré que, comme dans la Proposition 10.3, les deux premières lois de Kepler impliquent que le Soleil exerce une force d'attraction en inverse du carré sur les planètes – c'est-à-dire, une force proportionnelle à $1/r^2$, où r est la distance de la planète au Soleil. La loi de Newton de la gravitation *universelle* déclare que toute paire de particules dans l'Univers subit une force d'attraction dirigée le long de la droite reliant les deux particules. Si m_1 et m_2 sont les masses des particules et r est la distance les séparant, la grandeur de la force gravitationnelle vaut

$$G\frac{m_1m_2}{r^2} \tag{10.19}$$

où G est la constante gravitationnelle.

Le problème inverse

La section précédente a donné une solution au problème direct – consistant à montrer que si une particule se déplace par rapport à un point d'attraction sur une orbite elliptique vérifiant les deux premières lois de Kepler, alors il existe une force centrale agissant sur elle, proportionnelle à l'inverse du carré de la distance entre la particule et le point d'attraction. Newton a également montré que cela reste vrai quelle que soit l'orbite képlérienne – c'est-à-dire, pour un mouvement selon une section conique quelconque avec un moment cinétique constant par rapport au point d'attraction. Dans cette section, nous considérons le problème inverse – la réciproque de la Proposition 10.4 :

Proposition 10.5. Si une particule P se déplace sous l'influence d'une force d'attraction ou de répulsion en inverse du carré dont le centre est au point F, alors P suit une orbite képlérienne (voir Définition 10.1) avec un foyer en F.

Dans les *Principia,* Newton consacre les Propositions 11–13 du Livre I au problème inverse, mais sa preuve est incomplète. Il semble qu'il cherchait à tirer parti de la solution au problème direct, la Proposition 10.3, afin de démontrer le problème inverse, la Proposition 10.5. On pourrait penser que cette procédure se mord la queue car, en général, *A implique B* n'entraîne pas nécessairement *B implique A.* Cependant, l'argument fonctionne dans cette situation particulière si les deux propositions suivantes peuvent être démontrées.

Proposition 10.6. Soit F un point donné dans l'espace. Supposez que la position et la vitesse initiales d'une particule mobile P soient données, et que son accélération initiale soit dirigée vers F et de grandeur a. Il en découle que pour toute valeur positive ou négative de a, il existe une orbite képlérienne distincte, dont l'un des foyers se situe en F, telle que la particule P ait la position, la vitesse et l'accélération initiales spécifiées.

Dans les *Principia,* Newton montre cette idée en essence dans les Propositions 11–13. Toutefois, il précise la courbure initiale de l'orbite képlérienne plutôt que son accélération centrale de départ.

Proposition 10.7. Supposez qu'une loi en inverse du carré soit donnée – une force d'attraction ou de répulsion par rapport à un point Q. Notons P la particule ayant une position et une vitesse initiales précisées. Il existe alors un, et un seul, mouvement possible pour la particule sujette à la force centrale donnée et vérifiant ces conditions initiales.

Les démonstrations de ces propositions ne seront pas données. En particulier, celle de la Proposition 10.7 sort du cadre de ce livre.

Dans les *Principia,* les Propositions 11–13 et 39–41 où Newton discute du problème consistant à déterminer la trajectoire d'une particule sujette à une loi de force centrale plus générale, celui-ci ne traite pas de la propriété d'unicité soulevée dans la Proposition 10.7 ci-dessus. Cela n'est guère surprenant car il fallut attendre environ 100 ans après Newton pour que la question d'unicité des solutions aux équations différentielles ne soit résolue par le mathématicien français Augustin Louis Cauchy (1789–1857).

Les Propositions 10.6 et 10.7, combinées à la Proposition 10.3, permettent de résoudre le problème inverse en suivant ce raisonnement :

1. Supposez qu'une loi particulière en inverse du carré soit donnée. Nous cherchons à montrer que le mouvement effectué par une particule de position et de vitesse initiales données suit une orbite képlérienne. L'accélération initiale est précisée par l'intensité de cette loi en inverse du carré.
2. La Proposition 10.6 affirme qu'il existe une unique orbite képlérienne déterminée par la position, la vitesse et l'accélération initiales.
3. La Proposition 10.4 déclare que l'orbite képlérienne ci-dessus est engendrée par une loi en inverse du carré qui doit coïncider avec celle donnée.
4. La démonstration est complète si on peut montrer que ce mouvement est unique – qu'il n'y a qu'un seul mouvement possible pour une particule de position et de vitesse initiales données subissant cette loi en inverse du carré spécifiée. Or, c'est précisément ce qu'affirme la Proposition 10.7.

La Proposition 10.7 est plus subtile qu'elle ne paraît car il existe des exemples de lois de force centrale où la position et la vitesse initiales d'une particule ne déterminent pas une trajectoire unique. Dans l'exemple suivant, le mouvement est unidimensionnel.

Force de répulsion en racine cubique

Dans les *Principia*, Livre I, la Proposition 39 explicite une méthode permettant de trouver le mouvement d'un corps en chute libre sujet à une force centrale arbitraire, mais Newton n'aborde pas la question de l'unicité de ce mouvement, une préoccupation cruciale pour la solution du problème inverse. L'intuition commune semble nous indiquer que si nous connaissons les paramètres initiaux d'une particule et si nous savons quelle est la nature de la force agissant sur celle-ci, alors le mouvement que cette particule suivra est déterminé de manière unique. En vérité, nous pouvons montrer que pour la loi en inverse du carré, la position et la vitesse initiales d'un corpuscule déterminent son mouvement ultérieur, mais cela n'est pas vrai pour *toutes* les lois de force centrale. L'exemple qui suit exhibe une situation où un corps, initialement au repos, subit une force centrale qui *ne* détermine *pas* de manière unique son mouvement ultérieur.

Lorsque Galilée a lâché un boulet du haut de la tour de Pise inclinée, le mouvement que ce boulet a suivit était déterminé de manière unique par la nature de la force de la gravité. Cela aurait-il été vrai pour n'importe quelle force imaginable, autre que notre gravité familière ? La réponse surprenante est « non », comme l'indique l'exemple qui suit.

Considérez l'expérience de pensée suivante : supposez qu'une particule subisse une force de répulsion proportionnelle à la racine cubique de la distance à l'origine. En particulier, on suppose que la masse m soit égale à 1, que x soit la distance de la particule à l'origine, et que la force de répulsion soit égale à $6\sqrt[3]{x}$. Imaginez qu'au départ (à l'instant $t = 0$) la particule soit située à l'origine et ait une vitesse nulle. Nous pouvons montrer grâce à un calcul élémentaire que cette valeur initiale peut conduire à plusieurs solutions. Ce résultat est illustré dans la Figure 10.11 : il existe une infinité de mouvements possibles, mais seuls cinq, notés $\mathcal{A}$, ..., $\mathcal{E}$ sont indiqués dans cette figure.

La ligne droite $\mathcal{E}$ de la Figure 10.11 est le graphe d'une particule demeurant au repos à l'origine – c'est une solution de la loi en racine cubique de la force de répulsion car si la particule reste à l'origine, la force agissant sur elle est nulle. En $\mathcal{A}$ et $\mathcal{B}$, la particule se déplace respectivement vers la gauche ou vers la droite, vérifiant $x = \pm t^3$ où x est sa distance à sa position au temps $t = 0$. En $\mathcal{C}$ et $\mathcal{D}$, la particule demeure immobile durant des intervalles de temps respectifs $0 \leq t \leq c$ et $0 \leq t \leq d$, après quoi elle se déplace vers la gauche ou vers la droite de sorte que $x = (t - c)^3$ ou $x = -(t - d)^3$, respectivement.

Ainsi, une balle initialement au repos lâchée de l'origine et sujette à une répulsion en racine cubique (1) peut demeurer éternellement immobile en suspension, (2) peut immédiatement monter ou descendre, ou (3) peut monter ou descendre après une certaine période de repos.

Une particule sujette à une telle force et demeurant à l'origine est hautement instable à cause des infimes perturbations qui l'enverront vers le haut ou vers le bas. Le mouvement illustré ici est instable, mais ce que souligne cet exemple est la *multiplicité* des trajectoires, et non l'instabilité. Dans ce cas, la loi de force associée aux conditions initiales ne détermine pas un mouvement futur unique. Que se passerait-il si cette situation pouvait être physiquement reproduite ? La question n'a pas de sens car il serait impossible de restituer les conditions initiales à une précision parfaite. La non unicité ne survient que si la position initiale est *exactement* à l'origine, or les mesures physiques recèlent toujours un certain pourcentage d'erreur.

Cet exemple de répulsion en racine cubique nous met en garde sur le fait qu'une solution toute différente au problème de l'inverse du carré d'une valeur initiale peut se manifester. Cette question est un cas particulier d'une plus générale ayant trait aux équations différentielles. Une loi de force centrale se traduit par une équation différentielle – une équation mettant en scène des dérivées. Quelles conditions assurent qu'une équation différentielle possède une solution unique satisfaisant les conditions initiales données ? Newton et ses contemporains ne s'étaient

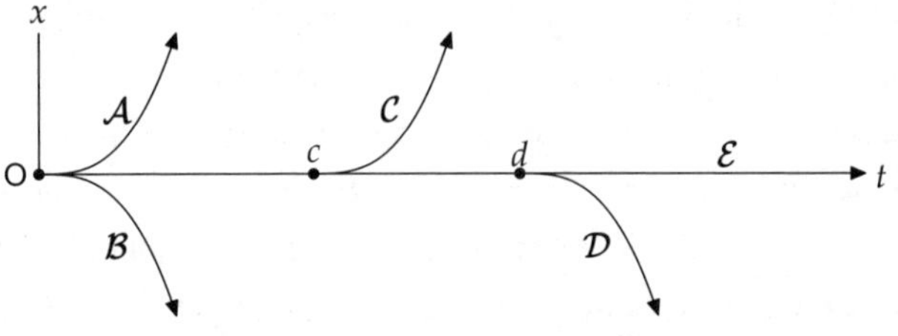

Figure 10.11 Le mouvement le long d'une droite d'une particule gouvernée par une force centrale de répulsion proportionnelle à la racine cubique de la distance à son point de départ n'est pas déterminé de manière unique par sa position et sa vitesse initiales. Pour un corps, initialement au repos, subissant une telle loi de force centrale, le graphe ci-dessus révèle plusieurs mouvements linéaires possibles ($\mathcal{A}$, ..., $\mathcal{E}$), qui revêtent tous les mêmes conditions initiales – une vitesse nulle au point d'origine O.

pas préoccupés de cette question. Elle est néanmoins déterminante parce que Newton s'était fondé sur le fait qu'une loi de force en inverse du carré, combinée à des conditions initiales, détermine le mouvement d'un corps de manière unique.

Attraction gravitationnelle d'une coquille sphérique

Dans les sections précédentes concernant les problèmes direct et inverse, les planètes et le Soleil sont modélisés par des masses ponctuelles. Une telle approximation semble acceptable car les corps célestes sont beaucoup plus petits que les distances qui les séparent. Cependant, Newton a montré que cette hypothèse n'est pas nécessaire – que, quelle que soit leur taille, nous ne perdons rien en exactitude à remplacer le Soleil et les planètes par des particules parce que l'attraction gravitationnelle extérieure à une masse sphérique est identique si toute la masse est concentrée au centre de la sphère. Pour être précis, nous devrions ajouter une hypothèse concernant la densité de cette masse sphérique. Nous verrons qu'il suffit de supposer que la densité en un point situé dans la sphère ne dépend que de sa distance au centre – en d'autres termes, que le Soleil ou les planètes sont des empilements de coquilles sphériques de densités homogènes.

Newton s'est penché sur la question de l'attraction gravitationnelle d'une coquille sphérique de densité constante. Même s'il n'a pas suggéré qu'il existe des corps astronomiques de cette forme, une planète ou le Soleil peuvent être imaginés comme des empilements de coquilles sphériques, à l'instar d'un oignon. Newton a démontré deux propriétés surprenantes des coquilles gravitationnelles de densités constantes.

Proposition 10.8. En tout point à l'intérieur d'une coquille, l'attraction gravitationnelle est nulle.

Proposition 10.9. En tout point à l'extérieur d'une coquille sphérique donnée, l'attraction gravitationnelle de cette dernière demeure identique à celle où toute la masse est concentrée au centre de la sphère.

Les Propositions 10.8 et 10.9 ont joué un rôle décisif dans la découverte du fait que les charges électriques produisent une force qui suit également la loi en inverse du carré. Benjamin Franklin (1706–1790) réalisa une expérience dans laquelle il observa qu'un petit morceau de liège était attiré par une boîte métallique électriquement chargée si ce morceau était situé à l'*extérieur* de la boîte, mais, curieusement, qu'aucune attraction n'était observée s'il était à l'*intérieur* de la boîte. Franklin fit part de ce résultat au chimiste et pasteur britannique Joseph Priestley (1733–1804). En 1766, Priestley, qui avait connaissance du résultat de Newton au sujet de l'attraction gravitationnelle de coquilles sphériques, réalisa que l'expérience de Franklin démontrait que la force électrique se comporte de manière analogue. Il présuma, à juste titre, que la force électrique, comme la force gravitationnelle, doit vérifier la loi en inverse du carré. Cette idée fut démontrée par la suite, en 1785, par le physicien et ingénieur militaire français Charles-Augustin Coulomb (1736–1806). L'absence de force électrique à l'intérieur d'une cage conductrice, que l'on appelle une cage de Faraday, demeure importante tant ses applications technologiques sont diverses et variées.

On retrouve les Propositions 10.8 et 10.9 dans les *Principia* de Newton (Livre I, Propositions 70 et 71). Sa démonstration de la Proposition 10.9 ne sera pas présentée ici. Je pense que la brève preuve que donne Newton de la Proposition 10.8 recèle une faille : je tenterai dans ce qui suit de combler cette lacune. Les arguments de Newton font implicitement appel aux infinitésimaux et la preuve donnée ci-dessous, reprenant son raisonnement, en fait également usage.

Démonstration de la Proposition 10.8. La preuve est illustrée dans la Figure 10.12. Soient $\mathcal{S}$ une coquille sphérique de densité homogène et P un point quelconque situé à l'intérieur de $\mathcal{S}$. Les « cercles de longitude » en pointillés sont là pour faciliter la visualisation de la sphère $\mathcal{S}$.

L'idée sous-jacente de la preuve de la Proposition 10.8 consiste à montrer que la surface $\mathcal{S}$ est constituée de paires de sous-régions infinitésimales équilibrées telles que la force gravitationnelle nette en P provenant de chaque paire s'annule. Dans la Figure 10.12, $\mathcal{A}$ et $\mathcal{A}'$ représentent une telle paire de sous-régions se contrebalançant. Par la suite dans la démonstration, ces régions seront réduites comme peau de chagrin – elles deviendront infiniment petites.

On construit ces paires comme suit. Soit $\mathcal{A}$ une petite région de $\mathcal{S}$, et soit $\mathcal{A}'$ la projection de $\mathcal{A}$ passant par le point P. Plus formellement, si Q est un point de $\mathcal{A}$, alors sa projection dans $\mathcal{A}'$ est le point R' où le prolongement de la droite QP coupe la surface de la sphère $\mathcal{S}$. De façon

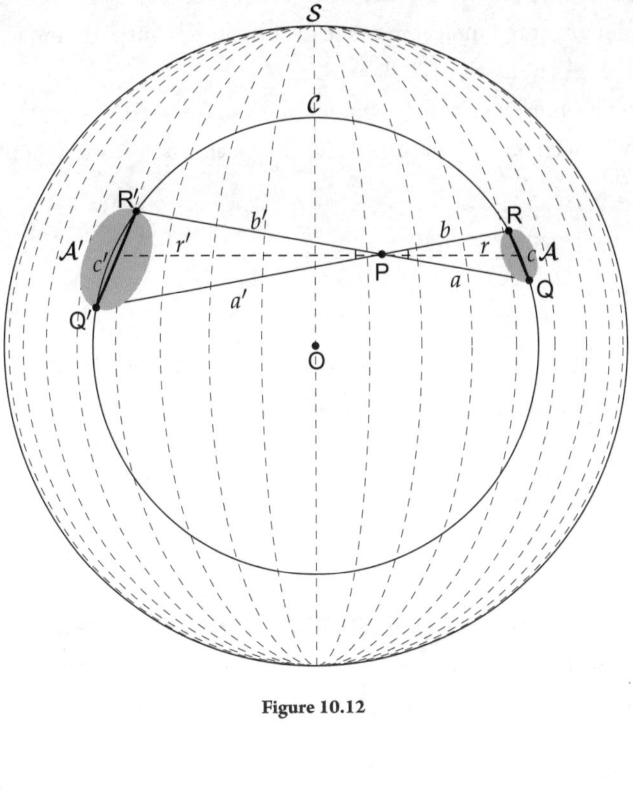

Figure 10.12

analogue, le point R de $\mathcal{A}$ se projette au point Q' de $\mathcal{A}'$. Les points P, Q et R déterminent le cercle $\mathcal{C}$ – l'intersection de la sphère $\mathcal{S}$ avec le plan contenant les points P, Q et R[12].

L'étape suivante consiste à trouver la relation entre les distances dans $\mathcal{A}$ et leurs distances images dans $\mathcal{A}'$. Comment cette procédure de projection déforme-t-elle les distances ? La clé de la compréhension réside dans le fait que les triangles $\triangle$PQR et $\triangle$PQ'R' sont semblables. C'est une conséquence du théorème sur les cordes circulaires sécantes. Le point d'intersection divise chaque corde en deux segments. Le théorème affirme que le produit des longueurs de ces deux segments est le même pour chaque corde. Par exemple, dans la Figure 10.12, les cordes RQ' et R'Q se coupent au point P, et, par conséquent, $ab' = ba'$. En reformulant cette équation ainsi : $a'/a = b'/b$, et en faisant remarquer que les angles $\widehat{\mathrm{RPQ}}$ et $\widehat{\mathrm{R'PQ'}}$ sont égaux car ce sont les angles verticaux d'une paire de droites sécantes, il s'ensuit que les triangles $\triangle$PQR et $\triangle$PQ'R' sont semblables et de facteur d'échelle $\lambda = a'/a = b'/b$. On remarquera que la similitude des triangles implique que c'/c soit aussi égal à λ.

La distance linéaire $\overline{\mathrm{QR}} = c$ est légèrement inférieure à la longueur de l'arc circulaire QR, noté $\widehat{\mathrm{QR}}$. De façon similaire, $\overline{\mathrm{Q'R'}} = c'$ est un peu plus court que la longueur de l'arc $\widehat{\mathrm{Q'R'}}$. Cependant, si l'angle $\widehat{\mathrm{QPR}}$ est suffisamment petit, les erreurs relatives de ces approximations ($c \approx \widehat{\mathrm{QR}}$ et $c' \approx \widehat{\mathrm{Q'R'}}$) devient aussi petite que l'on veut.

Newton aurait dit que si la région $\mathcal{A}$ est infinitésimale, alors les distances a et b sont égales, de même que les distances a' et b'. Notons r et r' leurs valeurs communes – c'est-à-dire que $r = a = b$ et $r' = a' = b' = \lambda r$. Les distances respectives des régions $\mathcal{A}$ et $\mathcal{A}'$ au point P sont r et $r' = \lambda r$.

Les images dans $\mathcal{A}'$ des distances *linéaires* de $\mathcal{A}$ sont allongées ou rétrécies d'un facteur λ. Il s'ensuit que les aires sont redimensionnées par le facteur λ^2. Ainsi, en notant A et A' les aires respectives de $\mathcal{A}$ et $\mathcal{A}'$, nous avons $A' = \lambda^2 A$.

Les forces gravitationnelles agissant au point P dues aux masses de $\mathcal{A}$ et $\mathcal{A}'$ sont de directions opposées. Selon la loi en inverse du carré, la force agissant sur une masse unitaire en P, due à $\mathcal{A}$, est égale à

$$\frac{GdA}{r^2} \tag{10.20}$$

où G est la constante de la gravitation universelle et d la densité de surface de la sphère $\mathcal{S}$ exprimée en masses par unité de surface. Par ailleurs, la force due à $\mathcal{A}'$ vaut

$$Gd\frac{A'}{r'^2} = Gd\frac{\lambda^2 A}{(\lambda r)^2} = Gd\frac{A}{r^2} \tag{10.21}$$

Si nous comparons les équations (10.21) et (10.20), nous remarquons que les forces dues aux régions $\mathcal{A}'$ et $\mathcal{A}$ sont de même grandeur. Puisqu'elles sont opposées en direction, la force nette au point P est nulle. □

La troisième loi de Kepler

La Proposition 10.4 montre que la loi en inverse du carré de la gravitation de Newton découle des deux premières lois de Kepler. Cette section examine la troisième loi de Kepler. Étonnamment, elle est une conséquence des deux premières. Nous allons montrer que la troisième loi de Kepler est vraie pour des orbites planétaires circulaires. Bien entendu, les véritables orbites planétaires ne le sont qu'approximativement, mais de nombreux satellites artificiels gravitent autour de la Terre sur des orbites circulaires.

Supposez qu'un de ces satellites suive un mouvement circulaire uniforme sujet à la gravitation de la Terre, qui est inversement proportionnelle au carré de la distance r du satellite au centre de la Terre. L'accélération centripète qui en résulte s'élève à k/r^2, où k est une constante. Or l'équation (10.6) donne une représentation distincte de l'accélération basée sur le mouvement circulaire uniforme. En faisant correspondre ces deux représentations de la même accélération centripète, nous obtenons

$$\frac{k}{r^2} = r\omega^2. \qquad (10.22)$$

La période T, la durée nécessaire pour réaliser un tour complet du cercle, revêt une relation inverse avec la vitesse angulaire : $T\omega = 2\pi$. Cela conduit à la formule qui suit concernant la grandeur de l'accélération centripète :

$$r\omega^2 = \frac{4\pi^2 r}{T^2}. \qquad (10.23)$$

Par conséquent, la formule (10.22) implique que $kT^2 = 4\pi^2 r^3$, ou, en posant $K = 4\pi^2/k$, que

$$T^2 = Kr^3. \qquad (10.24)$$

Remarquez que K est une constante qui ne dépend que du corps attracteur, la Terre. Cette formule vérifie la troisième loi de Kepler appliquée au système de satellites artificiels en orbites circulaires autour de la Terre : pour deux satellites quelconques, le rapport des carrés de leurs périodes est égal au rapport des cubes de leurs rayons.

Toutefois, la restriction imposée ci-dessus pour les orbites circulaires n'est pas nécessaire. Le point III' à la page 114 présente la forme plus générale de la troisième loi de Kepler. Pour toute orbite elliptique, l'équation (10.24) reste valide si, comme précédemment, T est la période mais r représente dorénavant la longueur de son demi-grand axe.

Ce chapitre a tenté de montrer comment Newton fit toute la lumière sur la compréhension des mouvements du Système solaire. Il a posé les briques fondatrices de la science de la mécanique et imaginé une force d'un type nouveau qui met les objets en mouvement sans établir de contact entre eux : la force de la gravitation. Il a expliqué comment la gravité pouvait rendre compte du ballet des planètes mais également de la chute d'une pomme.

10.4. ÉPILOGUE

Aujourd'hui, nous nous sommes familiarisés avec l'idée sophistiquée selon laquelle tout mouvement s'exprime relativement à un système de coordonnées arbitrairement choisi. Néanmoins, avant le XXe siècle, le consensus semblait indiquer, qu'intuitivement, il doit exister un référentiel absolu pour le mouvement céleste. Ptolémée était persuadé que la Terre est immobile. À l'inverse, Galilée pensait avec tant de conviction que la Terre tourne autour du Soleil qu'il fut châtié pour cette hérésie. Il croyait que l'option qu'il privilégiait était étayée par des preuves incontestables. Même si ce degré de confiance n'était pas corroboré par ses observations, la foi qu'y mit Galilée ouvrit la porte aux avancées déterminantes en astronomie, réalisées par Kepler et Newton.

Le Système solaire vit son étendue se prolonger avec la découverte des planètes Uranus, Neptune et Pluton. Uranus fut découvert par William Herschel en 1781 grâce à l'observation au télescope. En 1846, la découverte de Neptune se dégagea de l'analyse mathématique des perturbations de l'orbite d'Uranus, réalisée indépendamment par John Couch Adams et Urbain Le Verrier. On espérait que les observations d'autres perturbations similaires conduiraient à la découverte d'une neuvième planète. Pluton fut découvert en 1930 par Clyde Tombaugh, grâce à une recherche persévérante plutôt qu'un calcul mathématique.

Ces dernières années, les programmes spatiaux ont porté l'astronomie planétaire jusque dans le domaine de la *technologie*. Le voyage dans l'espace a entériné la validité de l'astronomie planétaire à un niveau jusqu'alors inégalé. La mécanique newtonienne et le Soleil immobile de Galilée sont parfaitement suffisants pour les besoins prévisibles des expéditions spatiales, qu'elles soient humaines ou robotisées. Néanmoins, il y a 120 ans, la mécanique de Newton échoua lors d'un test crucial : l'expérience de Michelson–Morley.

En 1887, Albert Michelson (1852–1931) et Edward Morley (1838–1923) réalisèrent une expérience qui bouleversa la physique. De même que les ondes sonores voyagent à travers un milieu, l'atmosphère, la mécanique de Newton impliquait que l'Univers doit être empli d'une substance invisible, l'éther, grâce à laquelle la lumière se propage. Michelson et Morley échafaudèrent une expérience permettant de déterminer la vitesse de « dérive de l'éther » – le mouvement de la Terre à travers cet éther.

Une métaphore, due à Michelson lui-même, décrit conceptuellement l'expérience de Michelson–Morley. Imaginez que deux nageurs, nommés Photon Un et Photon Deux, nagent exactement à la même vitesse c. La compétition de natation a lieu sur les bords de la rivière Éther, de largeur l et s'écoulant à une vitesse v constante. Photon Un traverse à la nage la rivière et regagne son point de départ. Photon Deux nage à contre-courant sur une distance exactement égale à l puis revient. Qui gagne ? Un calcul algébrique invoquant c, l et v montre que le nageur traversant la largeur, Photon Un, gagne à tous les coups, à condition que la vitesse de la rivière ne soit pas nulle[13].

Michelson et Morley avaient utilisé un interféromètre, un appareil extrêmement précis et sensible permettant de comparer la vitesse de la lumière dans deux directions perpendiculaires.

Mais, après moult essais, nos deux protagonistes trouvaient toujours que les deux faisceaux lumineux revenaient en même temps. La seule conclusion possible était que la vitesse de la rivière – de dérive de l'éther – devait être nulle, contrairement aux exigences de la mécanique newtonienne. Bien qu'on s'évertuât à « sauver » la mécanique de Newton (la contraction de Fitzgerald–Lorentz), Albert Einstein rejeta finalement le concept d'éther et remplaça la mécanique newtonienne par celle relativiste[14]. Einstein balaya la notion d'espace tridimensionnel pour établir à la place un continuum spatio-temporel à quatre dimensions. Sur la base de cette théorie, il put prédire la déviation de la lumière des étoiles par le Soleil, ce qui fut confirmé grâce à l'observation d'une éclipse de soleil en 1919 par une équipe menée par Arthur Eddington (1882–1944).

C'est également en 1919 que l'astronome Edwin Hubble (1889–1953) accepta un poste à l'observatoire du Mont Wilson près de Pasadena, en Californie. À l'issue de ses observations de 1923–1924 grâce au tout nouveau télescope Hooker de 2,5 mètres, Hubble annonça le 1er janvier 1925 qu'il venait d'observer des objets nettement plus éloignés que tout ce qui se trouve dans la Voie lactée. Cette révélation décuplait la taille de l'Univers connu sur plusieurs ordres de grandeurs. Dans les années qui suivirent, Hubble accentua sa découverte par l'étude du décalage vers le rouge spectrographique. On lui doit notre vision actuelle sur l'étendue de l'Univers.

Même si l'astronomie planétaire ne s'est toujours pas éteinte, les contributions de Newton parachèvent l'histoire relatée ici – fermant ainsi l'acte final du ballet des planètes. Hubble, à son tour, lève le rideau sur la scène nouvelle d'une pièce qui se joue devant nos yeux : le ballet des galaxies.

A. ALPHABET GREC

A	α	Alpha
B	β	Bêta
Γ	γ	Gamma
Δ	δ	Delta
E	ϵ	Epsilon
Z	ζ	Zêta
H	η	Êta
Θ	θ	Thêta
I	ι	Iota
K	κ	Kappa
Λ	λ	Lambda
M	μ	Mu
N	ν	Nu
Ξ	ξ	Xi
O	o	Omicron
Π	π	Pi
P	ρ	Rhô
Σ	σ	Sigma
T	τ	Tau
Y	υ	Upsilon
Φ	ϕ	Phi
X	χ	Khi
Ψ	ψ	Psi
Ω	ω	Oméga

B. VECTEURS

1. *Égalité entre vecteurs*

Deux vecteurs sont considérés comme égaux s'ils possèdent la même grandeur (ou norme) et la même direction. Par exemple, dans la Figure B.1a les vecteurs $\overrightarrow{AB}$ et **c** sont de même grandeur et de même direction, par conséquent, même s'ils ne coïncident pas exactement, ces vecteurs sont dits égaux, et nous pouvons écrire que $\overrightarrow{AB} = \mathbf{c}$.

2. *Addition vectorielle*

La Figure B.1b illustre l'addition entre vecteurs. Pour ajouter le vecteur **b** au vecteur **a**, placez l'origine de **b** à la pointe de **a**. Ainsi, $\mathbf{a} + \mathbf{b}$ est le vecteur dont l'origine coïncide avec celle de **a** et dont la pointe coïncide avec celle de **b**. La Figure B.1b montre que le fait de permuter **a** avec **b** dans la procédure ci-dessus n'altère en rien le résultat de la somme : dans les deux situations, c'est la diagonale du parallélogramme qui en résulte. Nous avons ainsi $\mathbf{a} + \mathbf{b} = \mathbf{b} + \mathbf{a}$.

Si la Lune possède une vitesse **a** par rapport à la Terre et si la Terre possède une vitesse **b** par rapport au Soleil, alors la Lune possède une vitesse $\mathbf{a} + \mathbf{b}$ par rapport au Soleil.

3. *Soustraction vectorielle*

La Figure B.1c illustre la soustraction entre vecteurs. Pour soustraire **a** de **b**, placez l'origine de ces deux vecteurs en un point commun : le vecteur allant de la pointe de **a** à celle de **b** est alors $\mathbf{b} - \mathbf{a}$.

4. *Multiplication par un scalaire*

Si **a** est un vecteur et *k* un scalaire positif ou nul, alors *k***a** se définit comme étant le vecteur de même direction que **a** et de grandeur égale à la grandeur de **a** multipliée par *k*. Le vecteur

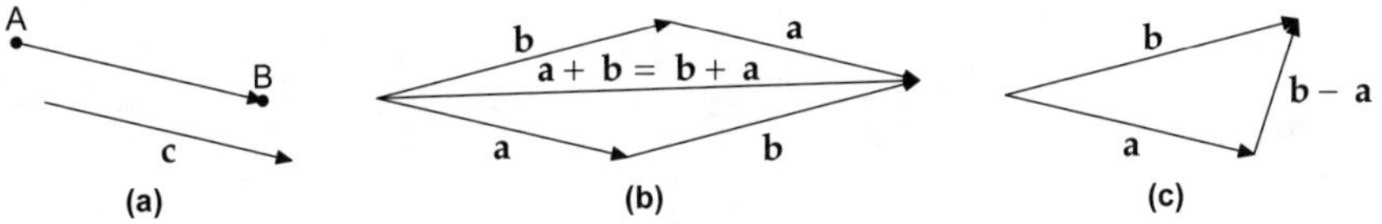

Figure B.1

$-\mathbf{a}$ est défini comme étant le vecteur de même grandeur que $\mathbf{a}$ mais de direction opposée. Si k est négatif, alors $k\mathbf{a} = (-k) \cdot (-\mathbf{a})$.

Si $\mathbf{a}$ représente la vitesse d'une particule, et $\mathbf{b}$ sa vitesse à un instant ultérieur, alors $\mathbf{b} - \mathbf{a}$ représente l'accroissement de la vitesse au cours de cette intervalle de temps. Si la durée de cette période est Δt, un vecteur dont la direction est égale à celle de $\mathbf{b} - \mathbf{a}$ et dont la grandeur est égale à celle de $\mathbf{b} - \mathbf{a}$ divisée par le scalaire Δt représente l'*accélération moyenne* de la particule au cours de l'intervalle de temps Δt.

NOTES

Chapitre 1 : La survie du valide

1. Certains spécialistes objectent cependant que la première mention connue de cette sentence de Platon provient en réalité de Simplicius, au VIe siècle.
2. Voir Van der Waerden, 1975.

Chapitre 2 : La coupe de la Nuit

1. Voir Kuhn (1992), chapitres 1 et 3.
2. Le point 1 fut noté par le géographe grec du Ier siècle Strabon (1867, Vol. I, Livre I para. 20). Les points 2 et 3 furent mentionnés par Aristote (2004, Livre II, chap. 11).
3. Mon directeur de thèse, Charles Loewner (1893–1968) fut élevé dans une ville près de Prague. Il mentionna l'existence d'une grande horloge, indiquée sur la figure, construite à l'extérieur d'un bâtiment du quartier juif de Prague. La particularité de cette horloge est que ses aiguilles tournent dans le sens inverse des aiguilles d'une montre. Les chiffres écrits en hébreu, à commencer par aleph (א) représentant 1, sont lus dans le sens antihoraire sur le cadran de l'horloge. Loewner reconnut que cette horloge l'avait inspiré dans ses réflexions sur la caractérisation mathématique abstraite de ce que l'on entend par « sens horaire ». La photographie est de Peter Benson, 2007.

4. Cela est dû au fait que Syène (Assouan) situé à 24°4' de latitude nord jouxte la limite du

tropique du Cancer (actuellement à 23,5° de latitude nord, mais, du fait de la précession de l'obliquité de l'écliptique – la nutation de l'axe de rotation de la Terre – environ 1/4° supérieure à l'époque d'Ératosthène). La latitude d'Alexandrie est de 31°13' Nord.

5. Cette régularité est néanmoins limitée : la rotation de la Terre ralentit de façon quelque peu irrégulière à cause, notamment, des marées.
6. 180 degrés $= \pi$ radians.
7. 60 minutes = 1 degré, 60 secondes = 1 minute.
8. Une minute d'arc mesurée le long d'un méridien de longitude sur la surface de la Terre définit la grandeur d'un mille marin (= 1 852 mètres). Un nœud marin est une unité de vitesse égale à 1 mille marin par heure.
9. Il serait plus exact de dire qu'elles changent très lentement au cours des siècles avec la précession de l'équinoxe car le point vernal effectue une rotation circulaire complète, dirigée vers l'ouest, à travers le zodiaque en 25 785 ans.
10. Au cours des siècles, l'équation du temps varie car la précession des équinoxes n'est pas synchrone avec celle de l'écliptique.
11. Pour plus d'informations sur l'analemme, consultez le site Web à l'adresse suivante http ://www.analemma.com.
12. Les Figures 2.11a et b sont des globes célestes. Le point P (par exemple, Philadelphie) correspond à un point situé sur un globe *géographique* concentrique, tandis que l'analemme siège en réalité sur le globe *céleste*.
13. Pour une histoire de l'analemme, voir Sawyer (1994).

Chapitre 3 : Épicycles et mouvement relatif

1. *Pour les lecteurs familiers avec les nombres complexes* : Posons $\text{cis}\ \theta = \cos\theta + \mathrm{i}\sin\theta$. De fait, pour tout temps t contenu dans un intervalle approprié, une courbe épicycloïdale, telles celles des Figures 3.2 ou 3.4, peut être tracée par un nombre complexe de la forme

   $$r_1\ \text{cis}\ \omega_1(t - t_0) + r_2\ \text{cis}\ \omega_2(t - t_0)$$

   où t_0 est un instant initial convenablement choisi.
2. Les positions initiales de ces planètes symbolisées sur ces deux diagrammes ne sont nullement destinées à représenter leur configuration à une date particulière.
3. Le point parcourant l'épicycle progresse selon un mouvement circulaire uniforme par rapport à son centre, lequel progresse selon un mouvement circulaire uniforme le long du cercle déférent.

Chapitre 4 : Le modèle déférent-épicycle

1. Pluton a récemment été reclassé comme *planète naine*, avec Xena et d'autres corps célestes.
2. *Ajustement aux données* (ou *ajustement de courbe*) : désigne toute technique qui tente

d'approcher certaines valeurs nouvelles à partir de données existantes. En particulier, l'*interpolation* ou l'*extrapolation* sont des méthodes permettant de deviner certaines valeurs situées « entre » ou « au-delà » des valeurs observées. En général, les méthodes d'ajustement aux données ne se soucient nullement de la véritable signification phénoménologique. Le terme « courbe » dans l'ajustement de courbe se réfère au fait que les données engendrées sont parfois visualisées graphiquement, bien qu'en général aucune courbe ne doit nécessairement être tracée.

3. Le mouvement des planètes est périodique selon l'hypothèse héliocentrique – mais pas géocentrique.
4. Une unité astronomique (UA) est la distance moyenne entre la Terre et le Soleil, soit environ 150 millions de kilomètres. Cette distance était inconnue pour Ptolémée.
5. Voir la Figure 4.2. Une opposition survient lorsque Mars, la Terre et le Soleil sont alignés dans cet ordre – lorsque Mars et le Soleil se trouvent dans des directions opposées par rapport à la Terre.
6. Cette caractérisation de la période synodique s'applique non seulement à Mars mais également aux autres planètes *supérieures*. Pour les planètes inférieures (Vénus et Mercure), la période synodique est la durée entre deux conjonctions inférieures successives.
7. L'hypothèse contraire $r_1 \geq r_2$ conduit au modèle où le déférent et l'épicycle sont permutés.
8. On présume que S, S' et S" ne représentent pas les *positions* réelles du Soleil. Cette argumentation tente simplement d'appréhender le raisonnement qu'aurait pu suivre Ptolémée – qui ne savait pas comment localiser les véritables positions du Soleil.
9. Les termes *intérieure* et *extérieure* sont employés pour éviter ceux possédant une définition planétaire particulière, comme *interne* et *externe* ou *inférieure* et *supérieure*.
10. Les astronomes familiarisés avec la *loi des sinus* – Ptolémée peut en faire partie – peuvent calculer le résultat donné sans attendre que $\widehat{EO'M}$ soit un angle droit. Connaissant le temps écoulé depuis l'opposition la plus récente, nous pouvons déterminer l'angle $\widehat{EO'M}$ connaissant les valeurs de ω_1 et ω_2. L'angle β peut être déterminé par l'observation. Notons γ l'angle $\widehat{EM'O}$, alors en vertu de la loi des sinus, $r_2/r_1 = \sin\gamma/\sin\beta$.
11. La fraction 79/42 apparaît dans le développement en fraction continue de la longueur du circuit de Mars autour du Soleil (1,8808476 ans). Pour plus d'information sur les fractions continues, voir Benson (1999), p. 245.
12. La théorie des fractions continues procure une méthode systématique d'approximation des nombres réels par des nombres rationnels. Voir Benson (1999).

Chapitre 6 : Révolutionnaire malgré lui

1. Voir Gingerich & MacLachlan, 2004, pp. 57–59.
2. Extrait tiré de A. Koyré, *La révolution astronomique*, Hermann, Paris, 1961, p.38.
3. L'exercice suivant de trigonométrie pourra intéresser certains lecteurs : montrez que la forme de la phase de Vénus détermine les angles α et β. Qui plus est, la connaissance d'un

des deux angles permet de calculer l'autre et la forme de la phase de croissant. Montrez que le pourcentage du disque de Vénus qui est illuminé est égal à $50\,(1 - \cos\,(\alpha + \beta))$.

4. Selon le point de vue géocentrique, les observations de Galilée montrent tout simplement que l'épicycle de Vénus doit tourner autour du Soleil.

Chapitre 7 : Les cercles abdiquent

1. Un lieu est un terme mathématique désignant un ensemble de points vérifiant une condition particulière.
2. Soient $\mathcal{C}$ une courbe située dans un plan et P un point n'appartenant pas à $\mathcal{C}$. Soit Q l'intersection de la droite $\mathcal{L}$ contenant P et d'une tangente $\mathcal{T}$ à $\mathcal{C}$ telle que $\mathcal{T}$ soit perpendiculaire à $\mathcal{L}$. Le lieu de tous les points Q est appelé la *podaire* de $\mathcal{C}$ par rapport au point P. La Proposition 7.3 affirme que le cercle majeur est la podaire d'une ellipse par rapport à l'un de ses foyers.
3. Newton résolut le problème de la construction d'une ellipse tangente à cinq droites données dans les *Principia*, Livre I, Proposition 27 (I. Newton, 1687).

Chapitre 8 : Mars déclare la guerre

1. Plus précisément, Kepler plaça le Soleil en l'un des foyers de chacune des orbites elliptiques des planètes.
2. Une traduction française est disponible sous le titre *Astronomie nouvelle*, (Kepler, 1979).
3. Si p est un nombre positif, le logarithme en base 10 de p est un nombre q tel que $10^q = p$. Les logarithmes sont utiles dans les calculs parce que, par exemple, le logarithme du produit de deux nombres positifs est la somme des logarithmes des facteurs : $\log ab = \log a + \log b$. Pour utiliser une table de logarithmes afin calculer le produit ab, (1) recherchez les valeurs de $\log a$ et de $\log b$, (2) additionnez ces deux nombres, et (3) recherchez le nombre dont le logarithme est égal à cette somme. La procédure de la règle à calcul permettant d'évaluer ce produit est analogue.
4. Matthieu 13,57.
5. Florence Nightingale (1820–1910) fut une pionnière dans l'utilisation des graphes, elle cartographia ainsi l'impact des maladies lors de la guerre de Crimée. Voir Benson, 1999.
6. Pour une discussion plus approfondie sur les cordes vibrantes, consultez Benson, 2003, ch. 3.
7. Le vecteur vitesse d'un objet représente la grandeur *et* la direction de son mouvement. La distinction entre le vecteur vitesse et la grandeur de la vitesse sera établie dans la Section 10.1.
8. Un examen attentif des diagrammes de Kepler dans son *Astronomia nova* révèle qu'un angle d'environ 43° apparaît souvent fortuitement – un indice qui montre qu'il utilise la méthode de la parallaxe décrite ici.

Chapitre 9 : L'avènement de la mécanique

1. Voir Benson, 1999, p. 198 pour plus de détails.
2. Par contre, nous pouvons montrer que le centre de masse d'un triangle constitué de trois tiges de densité uniforme *n'est pas*, en général, situé à l'intersection des médianes.
3. L'origine nautique du palan vient de l'utilisation des poulies et des cordes du gréement d'un navire pour exécuter certaines manœuvres.
4. Plus exactement, puisque les poids décrivent un arc circulaire, δ_1 et δ_2 devraient être définis comme étant les composantes *verticales* du déplacement. Malgré tout, cela ne remet pas en cause le rapport 2/1.
5. Le principe du travail virtuel généralisé traite des déplacements virtuels *infinitésimaux* – un concept du calcul infinitésimal qu'on ne comprit pas bien lorsqu'on l'invoqua au départ, mais qui fut établi sur des bases rigoureuses vers la fin du XIXe siècle seulement.
6. Voir également Benson, 2003, pp. 177–183.
7. Voir également Benson, 2003, pp. 135.

Chapitre 10 : L'astronome alchimiste

1. Les infinitésimaux revinrent sur le devant de la scène dans les années 1960 avec l'*analyse non standard* d'Abraham Robinson.
2. Une traduction française est disponible, voir I. Newton, 1687.
3. Pour une particule de masse *m* et de vitesse *v*, Leibniz avait défini sa *vis viva* comme étant mv^2. Aujourd'hui, nous définissons l'*énergie cinétique* comme valant la moitié de cette quantité.
4. La lette majuscule grecque Δ est communément utilisée pour symboliser l'*accroissement* d'une variable : $\Delta\theta,\ \Delta t,\ \Delta A$, etc.
5. Des exceptions surviennent dans le cas improbable où le ballon est lancé à une vitesse supérieure à celle qui lui est transmise par la rotation terrestre.
6. Il n'est pas tout à fait exact de dire qu'Albert est un observateur inertiel car il participe à la rotation de la planète toute entière, de même qu'à la course de la Terre autour du Soleil. Nous pouvons montrer que l'effet de ces mouvements de rotation est négligeable dans l'exemple considéré ici.
7. L'angle α de rotation peut être calculé comme suit : en radians, la valeur de cet angle équivaut au rapport entre $\overline{\mathsf{PU}}$ et le rayon de $\mathcal{N}$, qui est égal à $\sqrt{3} = 99,239^\circ$.
8. McIntyre (2000) présente plusieurs exemples de mouvements dus à l'effet Coriolis, dont celui indiqué dans la Figure 10.7.
9. On suppose que l'impulsion n'excède pas la vitesse orbitale.
10. La démonstration utilise le fait que $\cos 60^\circ$ est égal à 1/2.
11. Le problème *inverse* fut baptisé ainsi au cours du XVIIIe siècle. La préférence moderne serait de l'appeler problème *réciproque*.

12. Dans sa preuve de la Proposition 70 du Livre I des *Principia,* Newton suppose implicitement que $\mathcal{C}$ est un équateur de $\mathcal{S}$, ce qui est vrai uniquement pour des choix particuliers des points P, Q et R. La démonstration de Newton semble être lacunaire parce qu'il est nécessaire de déterminer comment la projection déforme les distances pour des choix *arbitraires* des points P, Q et R.
13. Les durées de l'aller-retour de Photon Un et Photon Deux sont respectivement de

$$\frac{2l}{\sqrt{c^2 - v^2}} \quad \text{et} \quad \frac{l}{c+v} + \frac{l}{c-v}$$

Par exemple, si c et v valent respectivement 0,5 et 0,3 kilomètre par heure, et si $l = 1$ km, alors les temps mis par Photon Un et Deux sont respectivement de

$$\frac{2}{0,4} = 5 \text{ heures, et } \frac{1}{0,8} + \frac{1}{0,2} = 1,25 + 5,00 = 6,25 \text{ heures.}$$

Le fait que Photon Un gagne à tous les coups est une conséquence de l'inégalité entre les moyennes arithmétique et géométrique, stipulant que pour deux nombres positifs ou nuls quelconques a et b, $\sqrt{ab} \leq (a+b)/2$, où l'égalité ne survient que dans le cas où $a = b$.
14. De façon surprenante, la genèse de la théorie de la relativité par Einstein aurait été motivée par un problème lié à l'électrodynamique plutôt que par les expériences de Michelson–Morley (voir Holton, 1973, chapitre 8). Cependant, la découverte de Michelson–Morley est le précurseur logique de la relativité, et la manière la plus simple de l'introduire.

RÉFÉRENCES

Aristote (2004). *Traité du ciel*. Paris, Garnier Flammarion.

Benson, D. C. (1999). *The moment of proof : Mathematical epiphanies*. New York, Oxford University Press.

Benson, D. C. (2003). *A smoother pebble : Mathematical explorations*. New York, Oxford University Press.

Brown, D. (2003). *Da Vinci code*. Paris, JC Lattès.

Gingerich, O. (1993). *The eye of heaven*. New York, American Institute of Physics.

Gingerich, O., & MacLachlan, J. (2004). *Nicolaus Copernicus : Making the earth a planet*. New York, Oxford University Press.

Goodstein, D. L., & Goodstein, J. R. (1996). *Feynman's lost lecture*. New York, Norton.

Hamilton, W. R. (1847). The hodograph, or a new method of expressing in symbolical language the Newtonian law of attraction. *Proceedings of the Royal Irish Academy*, 3, 344–353. (Reproduit par David R. Wilkins sur http ://www.maths.tcd.ie/pub/HistMath/People/Hamilton/Hodograph/)

Holton, G. (1973). *Thematic origins of scientific thought*. Cambridge, Mass., Harvard University Press.

Kepler, J. (1979). *Astronomie nouvelle*. Paris, librairie A. Blanchard. (Traduit par Jean Képler et Jean Peyroux. Publié pour la première fois en 1609 en latin sous le titre *Astronomia nova*.)

Kuhn, T. S. (1992). *La révolution copernicienne*. Paris, Livre de Poche, biblio essais.

McIntyre, D. H. (2000). Using great circles to understand motion on a rotating sphere. *American Journal of Physics*, 68(12), 1097–1105.

Newton, I. (1687). *Philosophiae Naturalis Principia Mathematica*. Berkeley, University of California Press. (Republié en 1999 en latin. Une traduction française a été publiée à Paris en 1756 par Émilie du Châtelet sous le titre *Principes mathématiques de la philosophie naturelle*.)

Newton, R. R. (1977). *The crime of Claudius Ptolemy*. Baltimore, Md., Johns Hopkins University Press.

Ptolemée (1998). *Ptolemy's Almagest*. Princeton, N.J., Princeton University Press. (Traduit et annoté en anglais par G. J. Toomer. La seule édition en français est celle de l'abbé Nicolas Halma, 1813 et 1816, réimprimée en 1927 par Hermann, Paris.)

Sawyer, F. W. I. (1994). Of analemmas, mean time, and the analemmatic sundial, http ://www.longwoodgardens.org/docs/analemma.pdf. *Bulletin of the British Sundial Society*.

Strabon (1867). *Géographie de Strabon*. Traduction française d'A. Tardieu en 4 volumes. Paris, L. Hachette et Cie.

Van der Waerden, B. L. (1975). *Science awakening* (Vol. 1). Groningue, P. Noordhoff. (Initialement publié par P. Noordhoff en 1961 sous le titre *Ontwakende wetenschap*.)

Weinstock, R. (2000). Inverse-square orbits in Newton's Principia. *Arch. Hist. Exact Sci.*, 55, 137–162.

INDEX